香港數理工程科技學會主席

香港新一代文化協會科學創意中心總監、

黃金耀博士

創客（Maker）文化席捲全球，香港不同的中、小學不約而同建立 STEM Lab，大學及相關的機構也開設了不同的 STEM 活動讓中、小學生參加，或許在這學習的氛圍下，你也會認為 Maker 着重 3D 打印、編程及製作機械人等，但 STEM 教育強調的並非只是技術的培訓，而是一種素養及態度的培養，尋找生活中感興趣的事物後，學以致用地動手把它呈現出來。教育孩子，讓他們明白接受教育後，要解決我們現在及未來生活將會面對的問題。劉老師去年出版了《科學小博士——生活篇》及《科學小博士——創意篇》，今次劉老師的新書更進一步透過 YouTube 社群及工作坊分享 STEM 教學心得及促進交流，本人更榮幸可再為新書《科學小博士——智趣篇》撰寫推薦序，這證明 STEM 教育學習的需要及必須備受重視！

「動手做」是增加小朋友探索 STEM 的興趣的最有效方法，而家長的共同參與，利用隨手可得的簡單材料，讓 STEM 體驗活動可落實在家中進行才可有效讓 STEM 與生活緊密結合，這對創造力的啟發及認知學習的增長有所助益，同時能滿足小朋友探索 STEM 的好奇心。此書帶領小朋友及家長一同發現生活中的問題及當中涉及的科學原理，圖文並茂及循序漸進引導他們「動手做」製作及培養「做中學」的技巧，最後還提供了 STEM 挑戰，讓親子們可共同探索及發揮其創意改良作品，亦可一同動手實作增進親子關係，是一本值得推薦的 STEM 啟蒙書！

# 推薦序二

香港數理教育學會委員
香港電腦教育學會理事、
香港才能教育研究會會長、

梅志文先生

科普教育和數理科工教育（STEM）在本地發展漸趨成熟，不少學者在討論 STEM 教育時都會加入「動手做」概念，而學界亦經常藉創客活動推展 STEM 學習。建構主義認為，學習是學生利用已有知識和經驗，通過與外界環境的交往，逐步發展或修正其思維和知識的過程。而創客教育源於對生活和現實世界的認識與改造，強調「動手做」，方向與教育家杜威提出的「做中學」一脈相承。不同的是，科學和科技的應用進一步開拓了「動手做」的深度與寬度，同時亦提升了「做」的速度，使成品更能滿足現實的需要。劉子健老師在新一本《科學小博士》以生活中發揮創意為主題，嘗試以科學角度剖析廚房裏的秘密，運用科學原理與讀者一起動手製作玩具及欣賞藝術裝飾。劉老師在〈生活智慧的科學製作〉和〈膠樽創意改變用途〉兩範疇中，更以輕鬆手法教授讀者解決生活難題，值得推介。

# 推薦序三

「十佳優秀科技輔導員獎」

香港新一代文化協會科學創意學會理事、

張澤民老師

一直以來，香港學生在有關科學、科技及數學的國際性能力評估及大型比賽中，皆有良好的表現。然而，如果我們對過往的教育模式進行反思，我們會發現，香港在三個範疇的教育仍有進一步的優化空間，例如：學生較少參與有意義的「動手做」學習活動。

透過有意義的「動手做」學習活動，學生可以解決真實的生活問題和製作發明品，從而培養對科學、科技及數學的好奇心和學習興趣、創造力、解難能力和協作能力，建立穩固的知識基礎，加強在綜合和應用跨學科知識與技能的能力。此外，活動亦有助學生建立正面的價值觀和積極的態度。

我和劉子健老師相識於「全國青少年科技創新大賽」。劉老師對 STEM 教育充滿熱誠，並於多年前開始設計 STEM 教育方案。活動配合香港推動 STEM 教育的宗旨和目標，而且「趣味高、成本低、變化多、上手易」。每次我和他討論 STEM 教育，他總有創新意念，並付諸實踐和不斷改良。我想這是劉老師能夠在大賽中獲得全國「十佳優秀科技輔導員」獎項和全國「十佳科技實踐活動」獎項的原因之一。

當我知道劉子健老師再一次將自己設計的 STEM 教學活動集結成書，我感到非常興奮。希望大家和我一樣，透過閱讀劉老師的作品，能夠豐富教學點子，以及對「動手做」的學習活動設計的原則和原理有更深入的了解。

最後，感謝劉子健老師讓我為他的新書寫序。這是我的榮幸。

# 推薦序四

網絡紅人「Chem Sir」

優秀科技輔導員——一等獎、
全國青少年科技創新大賽
《兒童的科學》雜誌學術顧問、
香港數理教育學會委員、
香港新一代文化協會科學創意學會理事、

李偉瀚老師

小朋友普遍對科學及科技有濃厚的興趣和好奇心，因為他們可親身嘗試及接觸，甚至當成遊戲玩樂，留下許多快樂美好的學習經歷，所以本人亦有設計不同種類而又具創意的科學及科技活動，以有趣的表達手法學習科學知識，達至教學相長。學習經歷對個人發展及成長甚為重要，而劉老師在書中提及的「動手做」及「做中學」的學習策略對 STEM 教育學習非常有效！因為製造的過程中可能會失敗，故此「動手做」必須把事情重複做好幾次。同時，失敗是體驗成功的過程，重新反思其過程、結果的觀察及紀錄是統整成功的關鍵，因此「做中學」有助吸收或建立 STEM 知識及基礎，從而累積經驗，你也試試在生活中尋找更多值得的主題實踐吧！

我在一次香港新一代文化協會新春團拜中認識劉子健老師，閒談中得悉大家都是教育同路人。他在過去 6 年，極積把教案投稿至香港數理教育學會期刊，刊登供全港中、小學老師參考，我過去亦和劉老師一同撰寫明報「常識學堂」專欄。參閱劉老師的 STEM 專欄，我完全感受到他對 STEM 教育的認真及執着，現在還把其他的 STEM 活動輯錄成書，我感到非常鼓舞，這實在方便讀者綜覽學習要點，一步一步構成學習 STEM 的系統，提升他們的學習興趣，推動 STEM 自主學習！

網絡紅人「亞伯林」
香港新一代文化協會科學創意學會理事、

林伯強老師

　　踏入 21 世紀，全球各國紛紛進入互聯網時代，中國也銳意於 2030 年打造成「人工智慧強國」，而香港也不甘落後，繼幾年前成立創科局後，近年又大量注資入創科事業。由此可見，青年想要在本世紀發展，必須具備多種創科技能，而培育創科人才則需要良好的科技基礎教育。

　　香港近年推行 STEM 教育，特區政府大量注資給學校，各大師訓機構為教師提供在職或職前訓練，目的在於培養一批具備創科知識與技能的教師，從而教導新一代學習創科知識。

　　劉子健老師從事科普教育多年，培育學生進行創科研究，在各大賽事中獲獎無數，而他本人也榮獲「香港青少年科技創新大賽優秀科技教師一等獎」與「全國十佳優秀科技輔導員」。除了培養學生之外，他也舉辦過多場教師工作坊，以及在報章撰寫科普文章，目的在於推廣科普教育，為香港的創科事業盡一分力。

# 推薦序六

教師教具發明——一等獎

第29屆全國青少年科技創新大賽

數碼港創業學會成員、

香港製造者學會理事、

香港新一代文化協會科學創意學會理事、

梁志宏先生

科學教育對孩子們的發展十分重要，因此我們應及早引起孩子們對科學探究的興趣。但科學教育並不單是在課室內進行知識傳授，而是一套全方位的學習系統。從日常生活中進行科學探究，是一個有效而且有趣的途徑，讓孩子們可以全面接觸科學，並將知識應用於生活之中。

劉子健老師一直致力推動科學教育。是次推出新書，正是將日常生活的不同場景，輕易地化身成為科學小教室。讓孩子們透過觀察、動手實踐等活動接觸科學，引起他們對科學的熱愛。

我和劉老師相識於香港青少年創新科技大賽，一直見到劉老師熱心於 STEM 教育，推動創新的教學方式，並樂於與其他老師分享。我誠意推薦各位老師、家長及對 STEM 有興趣的朋友，可以參考劉老師書中的例子，為孩子們建立一個有趣的科學小天地。

現今社會，單單着重知識並不足夠，敢於創新才是社會的發展動力。

讓孩子們將知識和創意結合；讓孩子們愛上探究、動手發明；讓孩子們學以致用，成為社會的創新精英！

# 推薦序七

香港電腦教育學會副主席

朱嘉添老師

第一次認識劉老師是他到我工作的學校主持一個 STEM 工作坊。他為這個工作坊準備了幾個既簡單又具啟發性的 STEM 活動。他以風趣幽默的方式引導學生進行 STEM 實驗，令我印象深刻，亦讓我感受到劉老師對推動 STEM 學習的熱心。

當劉老師邀請我為他的新書寫序時，我馬上便答應了。因為我知道劉老師對教學充滿熱誠，而這本新書正正是他將他的教學心得與 STEM 點滴總結而成的。書中以生活化的例子去講解 STEM 的原理，正好說明 STEM 不是艱深的學問，而是與我們生活息息相關。正如劉老師在書中所說，STEM 的學習不單在學校裏由教師去推動，更需要靠家中的父母與孩子一同探索，才能打開學習 STEM 的大門。

裝備我們的孩子，STEM 由誰做起？

## 裝備我們的孩子

通過教育，我們的孩子方能認知及欣賞世界，但在現今的教育制度下，學生的學習傾向以考試導向為主，他們學習的動力源於分數的高低，實在可惜。隨着香港產業結構的轉型，社會需要的人才，除了高學歷的大學畢業生之外，還需要在這瞬息萬變的社會中，多作嘗試、發揮創意及靈活溝通的人。過去香港的教育強調知識的傳遞而缺乏實踐，「動手做」及「做中學」在教學時數不足的情況下被放棄。未來有着不同的挑戰，STEM 教育無可否認能促進學生們多思考及發揮其想像力來解決日常生活的問題，我們教育的着眼點必須看遠一點。

## 老師要「STEM 起來」

當我教授生物學進化論時，學生必問的一條問題是：「阿 Sir，是有雞先，還是有雞蛋先呢？」把這一問題套用在 STEM 教育上，如果要學生有效學習 STEM，教師一定要掌握的是什麼？ STEM 是一個整合學科的概念，當中涉及科學、科技、工程、數學。如要有效推廣及落實 STEM，其教學活動的設計顯得甚為重要。STEM 教學上，教師擔當重要的角色，他們亦是學生的學習促進者，並需設計一連串富挑戰性的 STEM 教學活動吸引學生主動學習及動手，同時在教授的過程中照顧學習者的多樣性。再者，科學知識及其本質可讓學生了解及欣賞這個世界。作為科學教師，我們可在設計 STEM 教案時以科學知識為主配合教學，讓學生學習有關的科學知識及理論時，可善加應用及

深化其學習。

至今我已撰寫了 90 多期有關 STEM 的活動，推動 STEM 教育亦要先以自己為中心，並着重分享及交流。我為何會有此動力？只要不時回想及勿忘教育的初心，你就會有動力再創建下一個 STEM 活動。繼續為教育努力吧！

## STEM 由家長做起

為何家長要懂得 STEM 呢？別看輕家長的角色。在我的成長過程中，父親是一名裝修師傅，而母親就是一名家庭主婦，家中存放着的裝修工具就成了我的玩具了。我喜歡與父親一起用螺絲批把家中已損壞的電器拆開及討論如何維修，他也於暑假期間帶我到裝修工程的地方學習；母親亦於空閒的時間與我在家中一同研究烹調的技巧，教曉我工具的運用及材料分量的比例。無論當時的家電可否成功維修或烹調的食物是否美味，我始終記得這些與別不同的學習經歷及回憶。這些經驗促使我設計不同「動手做」及「做中學」的 STEM 教學活動。

成功與失敗，都是一小段的學習回憶。別看輕小朋友的能力！當他們發掘了自己的興趣及長處後，只要家長們適時與他們一同進行活動、討論及引導其學習，循循善誘，他們的成就會超乎你想像。請謹記，小朋友學習的最大動力是源於父母的認同、讚許及欣賞。故此，當他們參加活動時，家長都需要樂在其中及學在其中，此舉的意義，一來大家在活動後可有共同話題，二來互相的分享有助小朋友及家長建立共同學習圈，激勵互勉。

最後，STEM 是現今教育的大方向，請盡快讓小朋友多加接觸 STEM 活動，建立他們對世界的認知，創造未來無限可能。

# 目錄

## SECTION A
## 廚房裏的科學秘密　014

### 簡單入門

### 技巧訓練

### 動手挑戰

## SECTION B
## 玩具製作的科學運用　036

### 簡單入門

### 技巧訓練

### 動手挑戰

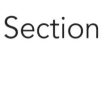

Section

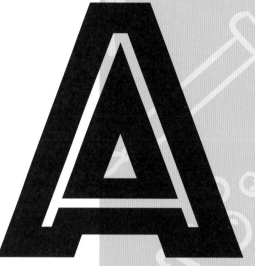

# 廚房裏的
# 科學秘密

在廚房裏，製作食物的過程充滿了科學秘密。當我們可以掌握這些科學秘密，你就可成為科學小廚師！

# 彩虹糖啫喱

　　彩虹糖色彩繽紛，吸引不少
大人、小朋友。原來只要掌握彩
虹糖的化學成分，加入啫喱粉，
就可以製作出色彩繽紛的彩虹糖
啫喱！

## 實驗材料及工具

*ingredients*

| | |
|---|---|
| 彩虹糖 | 1 包 |
| 啫喱粉 | 1 盒 |
| 木筷子 | 1 支 |
| 大碗 | 1 隻 |
| 細碗 | 1 隻 |
| 電子磅 | 1 個 |
| 圓碟 | 1 隻 |
| 熱水 | 適量 |

## 製作步驟

*steps*

1. 彩虹糖按照顏色分類。
2. 如圖所示,把彩虹糖圍放在大碗內側,顏色相間。

3. 把少量的啫喱粉放在細碗裏，注入熱水後用木筷子攪拌，靜待啫喱粉溶液冷卻。

4. 利用木筷子，把冷卻後的啫喱粉溶液慢慢地倒進大碗的中央位置，直至溶液剛好浸過每粒彩虹糖，靜待觀察。

5. 把大碗放進雪櫃最少 2 小時，完成！

6. 從雪櫃中取出大碗，切開，即可食用。

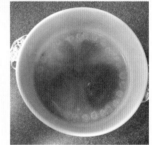

動手做

## STEM 挑戰

1. 把彩虹糖放到不同的位置，觀察作品形態的變化。
2. 使用全脂牛奶、脫脂牛奶或不同溫度的水重複以上實驗，觀察色彩形成的形態及速率有什麼不同。
3. 可使用巧克力花生粒代替彩虹糖重複以上實驗。

### · 科學原理 ·

#### 從高濃度走到低濃度的擴散現象

色素有兩大類，一是天然色素，二是人工合成色素。彩虹糖色彩繽紛，因為它利用不同的人工合成色素作着色，故此，當啫喱粉溶液浸過彩虹糖後，其人工合成色素便由高濃度的彩虹糖表面慢慢擴散至低濃度的大碗中央。另外，由於啫喱粉內有一種遇冷凝固的蛋白質，所以，經過雪櫃的冷藏，就可以把這彩虹色彩凝固起來！

要留意，人工合成色素是通過化學實驗製作出來的，大部分人工合成的化學物質都沒有營養價值，故此都應該減少食用呀！

**延伸活動**

· 科學小博士〈生活篇〉——自製德國酸椰菜、熊仔糖的科學秘密、醃製鹹柑桔。
· 科學小博士〈創意篇〉——液體萬花筒。

Ⓐ 廚房裏的科學秘密

# 白糖變黑蛇

　　為什麼製作麵包時加入蘇打粉可讓麵包鬆軟呢？因為蘇打粉受熱時會釋出氣體，氣體於麵包裏積聚形成大小不一的空間，所以烤焗後的麵包就會脹大及變得鬆軟。只要掌握蘇打粉的化學特性，我們就能將白糖轉化成「黑蛇」了！

## 實驗材料及工具

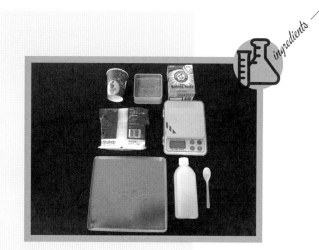

| | |
|---|---|
| 餅乾盒蓋 | 1 個 |
| 細鐵盒 | 1 個 |
| 沙 | 適量 |
| 酒精 | 1 支 |
| 蘇打粉 | 1 盒 |
| 白糖 | 1 包 |
| 杯 | 1 隻 |
| 湯匙 | 1 隻 |
| 電子磅 | 1 個 |
| 火槍 | 1 支 |

## 製作步驟

1. 將沙倒進細鐵盒（鋪成一層）。

2. 把杯放上電子磅，按「清零」鍵後把約 16 克白糖
   加進杯內，再加入約 4 克蘇打粉，攪拌混合。

3. 把細鐵盒放在餅乾盒蓋上，然後把少量酒精倒入沙的中央。

4. 用湯匙把步驟 2 的混合物放在沙子上面。

5. 在家長陪同下，利用火槍把細鐵盒裏沙子的酒精燃點，然後遠離火源並靜待觀察白糖的化學變化吧！如想將火弄熄，可把沾濕了的毛巾完整地覆蓋在火源上，靜待一會後，火便會熄掉。

動手做

## STEM 挑戰

使用不同分量比例的蘇打粉及白糖，或嘗試把蘇打粉及白糖混合物堆積成不同的形狀及面積，找出哪一分量可得出較好效果，例如更長、形態更均勻的「黑蛇」。

### · 科學原理 ·

#### 白糖造出「碳」空間　蘇打釋出二氧化碳

　　蘇打粉主要的成分是碳酸氫鈉，化學式為 $NaHCO_3$。當它受熱至指定溫度時，就會分解及釋出二氧化碳氣體，同時，白糖燃燒後會產生黑色的碳，碳會把釋出的二氧化碳氣體持續地困着，最後就會令「黑蛇」繼續延長；而且，當你破壞「黑蛇」的身體時，就會發現內裏都是大小不一的空間，不是想像中那麼堅硬呀！

**延伸活動**

· 科學小博士〈生活篇〉——蛋白餅的科學、泡泡棒棒糖、蛋糕鬆軟的科學秘密。

# 煮湯圓學密度

南湯圓北元宵，南方的中國人都會在部分節日煮湯圓。吃上一碗圓圓的湯圓，寓意「團團圓圓」，亦有「財源滾滾來」的意思。湯圓彈滑軟糯，內裏更有不同的餡料，美味無比。那麼，煮湯圓要掌握什麼技巧呢？原來就是密度！現在大家一齊來動手做，做中學吧！

## 實驗材料及工具

| | |
|---|---|
| 糯米粉 | 200g |
| 湯匙 | 1 隻 |
| 電子磅 | 1 個 |
| 杯 | 1 個 |
| 煮食爐 | 1 個 |
| 煮食鍋 | 1 個 |
| 隔濾杓 | 1 個 |
| 碗 | 1 個 |
| 水 | 適量 |

## 製作步驟

1. 把約 200g 糯米粉放進碗裏（使用電子磅）。

2. 把約 100g 的熱水注入碗中（使用電子磅），並用湯匙攪拌。

steps

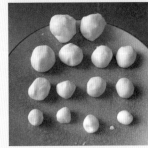

3. 把約 70g 的冷水注入碗中（使用電子磅），並用湯匙或手擠壓糯米粉成糯米粉糰。

4. 從糯米粉糰中取出少許，揉成小球。

5. 煲滾水，把糯米粉糰小球放進沸騰的水中。

6. 觀察小球，當它們浮上水面，用隔濾杓把它們撈起，完成！

**動手做**

## STEM 挑戰

1. 製作不同大小的糯米粉糰小球，觀察及比較小球由沉底到浮上水面的時間。
2. 在小球裏加入不同餡料，製作不同味道的湯圓！

### ·科學原理·

**是浮是沉　就看密度**

　　物件會浮或沉於水，視乎它的密度（密度 = 質量 / 體積，水的密度約是 1 g/cm$^3$）是否高於水。如果其密度高於水，它會沉進水中，反之亦然。未煮熟的湯圓密度高於水，所以它會先沉於水。但通過加熱煮熟後，湯圓便會膨脹起來，導致它的體積增大，此時其密度變得低於水，於是它就會浮在水面上，亦即是說湯圓剛好熟透！

**延伸活動**

- 科學小博士〈創意篇〉──神奇的液體。
- 科學小博士〈智趣篇〉──小墨魚是浮是沉？

# 令牛奶變身乳酪

夏日炎炎，食一口冷凍乳酪透心涼，同時它含豐富活性乳酸菌，可以維持腸道健康。自製乳酪十分簡單，在特定的溫度下，我們用很少的菌種加上鮮奶，便會形成幼滑的乳酪，就是這樣簡單！

動手挑戰

## 實驗材料及工具

| | |
|---|---|
| 保溫壺 | 1 個 |
| 闊口玻璃瓶 | 1 個 |
| 湯鍋 | 1 個 |
| 電熱水煲 | 1 個 |
| 溫度計 | 1 支 |
| 細全脂奶 | 1 盒 |
| 原味乳酪 | 1 盒 |
| 湯匙 | 1 隻 |
| 筷子 | 1 對 |
| 水 | 適量 |

## 製作步驟

1. 煲滾水,把玻璃瓶放入湯鍋消毒,煮 10 分鐘後撈起,放一旁待乾。

2. 把細全脂奶注入湯鍋,小火煮至攝氏 40 度(使用溫度計量度),
   然後關火。

3. 用湯匙將一湯匙的乳酪舀入玻璃瓶，再注入微暖的鮮奶。

4. 擰緊瓶蓋，並搖動玻璃瓶，混合乳酪和鮮奶。

5. 把少量熱水注入保溫壺，逐步加入冷水降溫至攝氏 40 度（使用溫度計量度）。

6. 將玻璃瓶放入保溫壺，留意，水需浸沒整個玻璃瓶，然後蓋上。

7. 保溫壺放在室溫環境約 8 小時，玻璃瓶內的牛奶便會變成乳酪，完成！

動手做

## STEM 挑戰

1. 嘗試使用脫脂奶及低脂奶，比較製作後的乳酪形態。

2. 嘗試用不同的溫度，找出哪溫度不適合活性乳酸菌製作乳酪。

---

### ·科學原理·

#### 乳酸菌令牛奶質變

乳酪中含有活性乳酸菌，我們將它加入牛奶後，在適當溫度下，它會將牛奶中的乳糖轉換為乳酸，故此味道上帶有一點酸味。當乳酸開始產生之後，因為乳酸令牛奶的酸鹼值下降，使內裏的蛋白質變性，即其結構有所改變，最後它凝固後就成了乳酪。

---

**延伸活動**

· 科學小博士〈生活篇〉—— 如何煉成焦糖味煉奶、滑滑溜溜豆腐花、腐皮旗海、鮮忌廉變牛油。

廚房裏的科學秘密

# 迷之蝶豆花特飲

夏日炎炎，一杯透心涼的特飲非常重要。要設計一杯色彩繽紛的特飲，就要先掌握食材及物質的科學性質。現在就教你製作一杯迷之蝶豆花特飲吧！

## 實驗材料及工具

ingredients

| | | | |
|---|---|---|---|
| 蝶豆花乾 | 少許 | | |
| 熱水 | 1 杯 | | |
| 玻璃杯 | 1 隻 | | |
| 檸檬 | 1 個 | | |
| 蜜糖 | 少許 | | |
| 有汽蘇打水 | 1 支 | | |
| 碎冰塊 | 少許 | | |
| 茶隔 | 1 個 | 杯 | 1 個 |
| 刀 | 1 把 | 木筷子 | 1 對 |

## 製作步驟

steps

1. 把蝶豆花乾放入杯裏，注入熱水後用木筷子攪拌，靜待冷卻。

2. 將檸檬切開一半，把檸檬汁擠進玻璃杯，再加入少許蜜糖。

3. 用茶隔過濾蝶豆花溶液，慢慢地把一半的溶液倒進玻璃杯內。

4. 加入少許碎冰塊，然後慢慢地注入有汽蘇打水。

5. 用茶隔過濾蝶豆花溶液，把餘下的溶液注入玻璃杯，完成！

動手做

· 用攪拌棒一攪，即可飲用！

## STEM 挑戰

1. 使用蝶豆花溶液測試廚房的食材，推測它是帶酸性，還是鹼性。

2. 利用不同食材的酸鹼性質，設計新特飲吧！

---

## · 科學原理 ·

### 天然藍色素 遇酸變紫 遇鹼變綠

當你用熱水浸泡蝶豆花時，天然的藍色素便會從蝶豆花中釋放出來，最後擴散至整杯水中，形成藍色。當它接觸酸性的液體，就會由藍色轉化為紫色；而接觸鹼性的液體後，就會由藍色轉化為綠色。

為甚麼這杯特飲會呈現兩種不同的顏色呢？因為顏色的呈現涉及不同顏色的組合及分量，同時酸、鹼亦分為 pH 值 1 至 14，pH 值 1 為最酸，pH 值 14 為最鹼，pH 值 7 則為中性。不同的液體有不同的 pH 值，加上冰可減慢色素擴散的速度，故此，此蝶豆花特飲就能做到這分層色彩了！

從醫學角度看，因為蝶豆花含有的花菁素比一般植物高於 10 倍，而花菁素會抑制血小板凝集，所以孕婦、正值經期的女士、準備接受手術的病人及需服用抗凝血藥的人士切忌飲用。當你想設計一款新特飲時，謹記多留意用料的成分和特性呀！

---

### 延伸活動

· 科學小博士〈生活篇〉——自製德國酸椰菜、膠樽榨橙汁器、製作黑磚涼粉的科學秘密。

· 科學小博士〈創意篇〉——分層液體的擺設。

Section

# B

# 玩具製作的
# 科學運用

玩具使人開心快樂，當你明白當中的科學
原理及運作，你就可成為科學玩具家！

# 織草蜢首選椰葉

植物種類繁多，樹葉形狀各有不同。多觀察及加入創意，你就可運用葉片的獨特形狀及結構，製作不同的玩具及用具。現在就向大家展示一隻草織草蜢的製作過程吧！

## 實驗材料及工具

椰葉（可到花墟購買） 1 條
剪刀　　　　　　　　1 把

## 製作步驟

1. 視乎大小，剪下 5 至 7cm 的椰葉，備用製作草蜢的
   翅膀。
2. 把中脈（即中間一條的葉脈）兩側的葉片慢慢撕開，
   留頂部相連。

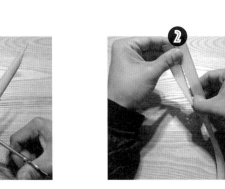

### 腹部

3. 把中脈翻向椰葉的內側，形成一細圈（觸鬚相連），
   用手把兩側的葉片夾緊中脈。

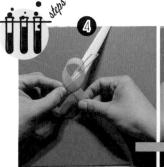

4. 把兩側的葉片各自翻一個圈，然後套入及用力繫緊在中脈上。重複以上步驟4至5次。

### 翅膀

5. 將備用葉片平均撕開，一條貼在腹部中。重複腹部的步驟，把其翅膀收入草蜢腹部。

### 觸鬚

6. 把餘下的椰葉穿入頭部的中脈細圈中，把尾段的中脈拉向後方繫緊椰葉，製作頭部觸鬚。

動手做

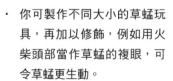

- 你可製作不同大小的草蜢玩具，再加以修飾，例如用火柴頭部當作草蜢的複眼，可令草蜢更生動。

7. 修剪草蜢的腹部、翅膀及觸鬚，把餘下的中脈剪去，製作腳部，最後插入草蜢的腹部。完成！

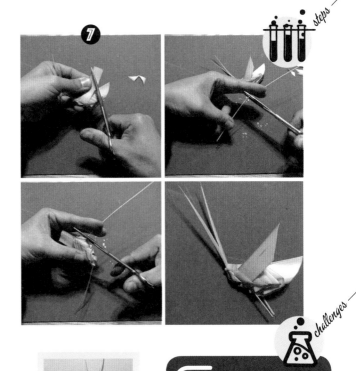

steps

challenges

## STEM 挑戰

1. 使用不同大小及長度的椰葉，製作不同大小的草蜢。

2. 找尋其他與椰葉形狀及結構相近的葉片，嘗試是否能用作編織。

3. 觀察椰葉的枯萎情況，研究如何保持草蜢的顏色或減慢其枯萎過程。

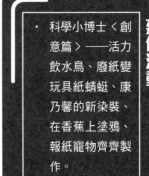

**延伸活動**

- 科學小博士〈創意篇〉——活力飲水鳥、廢紙變玩具紙蜻蜓、康乃馨的新染裝、在香蕉上塗鴉、報紙寵物齊齊製作。

B

玩具製作的科學運用

---

## ・科學原理・

### 椰葉　結構平衡有角質層

　　細心觀察椰葉表面，你會看到一條一條的平行葉脈，這正是單子葉植物的特徵之一。加上中脈，即是葉的中間，結構堅硬，故此製作時可輕鬆把葉分為三部分。椰葉的表面光滑，因為有一層較厚的角質層防止葉內的水分蒸發流失，所以椰葉枯萎的情況較一般葉片為慢。

# 菱角爆旋

　　菱角是水生植物的果實，形狀獨特，兩角尖銳，相信不少人都不信原來菱角可以食用。現在齊來進行有得食、有得玩的 STEM 菱角爆旋玩具製作吧！

# 實驗材料及工具

| 菱角 | 數隻 |
|------|------|
| 剪刀 | 1 把 |
| 膠紙 | 1 圈 |
| 竹籤 | 1 支 |
| 鑿子 | 1 把 |
| 牙線 | 1 圈 |
| 竹筷子 | 1 支 |

# 製作步驟

1. 在家長陪同下，用鑿子鑽穿菱角底部直至其頂部，
   以及菱角身中央位置。

2. 用竹筷子代替鑿子，重複步驟 1。

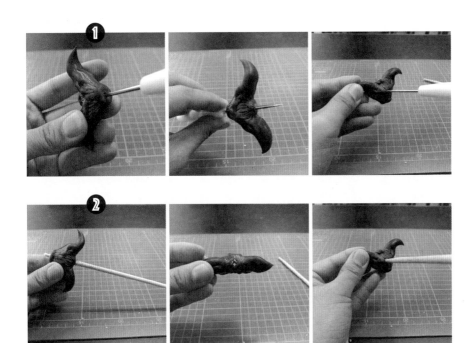

B

玩具製作的科學運用

042

043

3. 用鑿子及竹籤從 4 個菱角鑽孔中取出白色的菱角肉。

4. 剪出 1/3 長度的竹籤製作手把。

5. 如圖所示，把竹籤長度的牙線紮緊在餘下的 2/3 竹籤上及手把上，把膠紙貼在牙線結上，固定其位置。

6. 把短竹籤從菱角頂部鑽孔穿入，再從其身鑽孔穿出，其後把長竹籤從菱角頂部鑽孔穿進至底部。

7. 最後用竹籤把一個新菱角從竹籤底部慢慢穿入及固定，完成！

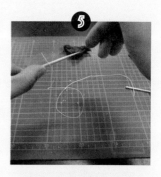

動手做

· 抓緊竹籤上先穿進的菱角及轉動竹籤上後穿進的菱角，此舉能把牙線捲進竹籤中，之後重複拉放手把。

## STEM 挑戰

1. 掌握製作過程及技巧後，嘗試增加竹籤上菱角的數目，看看效果有什麼不同。
2. 嘗試不同大小及重量的菱角，找出其旋轉速度受什麼因素影響。

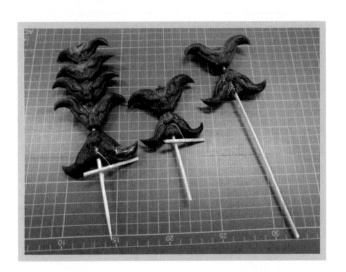

**延伸活動**

- 科學小博士〈創意篇〉——杯麵上的華爾茲、自製平衡鳥。
- 科學小博士〈智趣篇〉——膠樽蓋陀螺玩具。

---

### ·科學原理·

#### 質量與拉力

　　為什麼菱角玩具可以不斷旋轉呢？因為當你將手把向後拉時，其拉力從牙線傳遞至竹籤，所以竹籤就會向一方向旋轉。當你將手把向前放鬆時，由於菱角受了慣性的作用（inertia），牙線會再一次被圈起來。如果你再一次將手把向前拉動，竹籤就會向另一方向旋轉，十分有趣！由於慣性向受物件質量或重量影響，質量愈大，慣性也愈大，故此使用愈大、愈重的菱角，會使旋轉效果更明顯。

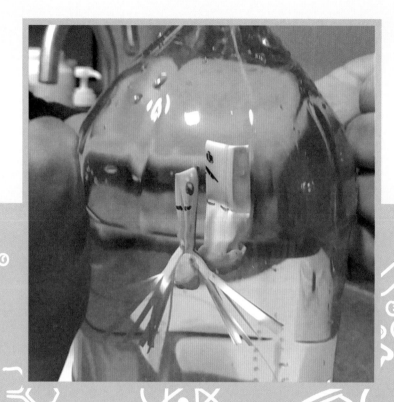

# 小墨魚是浮是沉？

海底世界美麗而神秘，讓不少人愛上潛水。要掌握浮力及水壓的概念，我們一起用一些簡單的材料，通過製作小墨魚潛水玩具，掌握其科學原理吧！

技巧訓練

## 實驗材料及工具

| | |
|---|---|
| 大膠樽連蓋 | 1 個 |
| 剪刀 | 1 把 |
| 飲管 | 1 支 |
| 泥膠 | 1 粒 |
| 釘書機連釘 | 1 個 |
| 水杯 | 1 隻 |
| 水 | 適量 |

## 製作步驟

1. 把飲管對摺一半後，在摺痕下 1/3 的位置釘上書釘。

2. 把書釘下的飲管剪開成條狀。

3. 把適當分量的泥膠放在書釘下的位置，修剪條狀部分的長度。然後把它放進盛滿水的水杯內，測試泥膠的使用分量，直至小墨魚潛水玩具能剛好浮在水中。

4. 用水灌滿大膠樽，將小墨魚放進膠樽裏，扭緊樽蓋，完成！

**動手做**

· 擠壓膠樽身然後放手，觀察小墨魚潛水玩具的活動。

## STEM 挑戰

1. 使用不同長度或直徑的飲管，或設計不同形狀的小墨魚潛水玩具，比較它們下沉的速率。

2. 用其他液體代替水，比較玩具下沉的速率是否有所改變。

**延伸活動**

- 科學小博士〈生活篇〉——沙律醬的由來。
- 科學小博士〈創意篇〉——分層液體的擺設。
- 科學小博士〈智趣篇〉——煮湯圓學密度、迷之蝶豆花特飲。

### ·科學原理·

**水壓上升　飲管空氣減　排水減**

　　物體在水中的浮力等於它排出水的重量。不對膠樽施加任何壓力時，小墨魚潛水玩具會因為飲管裏的空氣而浮在膠樽裏水平上方。當你在膠樽外側用力施壓後，這力會導致樽裏的水壓上升，因此，水會被迫進入飲管內，使其排水量下降，其浮力也隨之減少而使玩具下沉。最後，當你把手慢慢放開，原本在飲管內的空氣便會逐步返回飲管裏，其浮力隨之慢慢上升，小墨魚潛水玩具再次浮起。

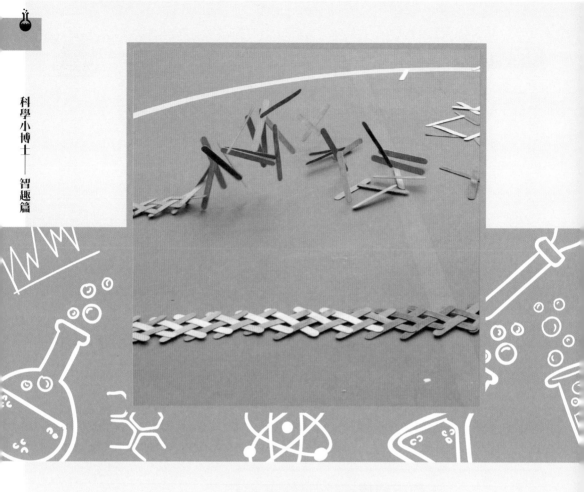

# 骨牌彈起

骨牌表演引人入勝，我們追看連環倒下的趣味，同時因為當中的排列千變萬化，更可加入機關，所以不少人都喜歡觀賞。只要掌握雪條棒物料的性質，你亦可製作雪條棒骨牌，展示你的 STEM 創作能力！

動手挑戰

## 實驗材料及工具

粗雪條棒 （視乎你製作的骨牌規模）

油性筆 1 支

重物（例如盛滿水的大牛奶盒） 1 件

## 製作步驟

1. 用油性筆在雪條棒的頭及尾端寫下數字 1 至 6。

2. 如圖按照雪條棒數字的次序組裝，謹記組裝時要按
   壓裝置。

玩具製作的科學運用

3. 掌握步驟 2 的組裝次序後，按照該次序裝置成一系列「井」字形。

4. 組裝好所有的雪條棒後，用重物壓在雪條棒上，完成！

· 移開重物，用手輕拍最前幾支雪條棒，骨牌活動就會發生！

## STEM 挑戰

1. 嘗試不同粗幼的雪條棒，找出哪種的骨牌效果更好。

2. 把雪條棒染色及在上面繪畫圖案，或者在雪條棒骨牌上加入不同的機關，讓展示效果更佳。

3. 增加雪條棒的數目，排列時加入彎位，製作不同形狀的大型雪條棒骨牌。

### ·科學原理·

**釋放彈力變動力**

　　雪條棒物料堅硬，當我們組裝雪條棒骨牌時會感到吃力。同時，由於每一條雪條棒原有的彈力在組裝後會儲存彈性位能（elastic potential energy），於是在鬆手的一刻，雪條棒中的位能轉化為動能（kinetic energy），它就會凌空躍起及發生一連串反應，就像骨牌般移動。使用愈多雪條棒製作，場面愈震撼，快來試試吧！

**延伸活動**

- 科學小博士〈生活篇〉——栗米粒變爆谷。
- 科學小博士〈創意篇〉——氣球膠樽發射器。
- 科學小博士〈智趣篇〉——雪條棒放大尺。

B

玩具製作的科學運用

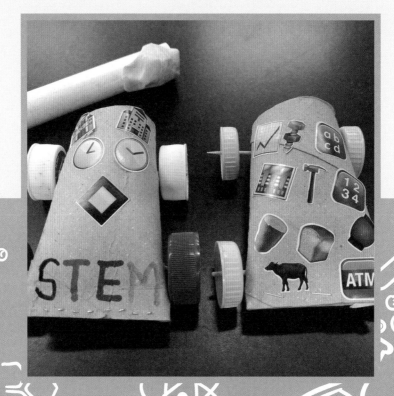

# 磁石動力車

玩玩具是人類成長過程中不可缺少的活動，過程中可讓我們發展出精細的運動技能。如果能進一步掌握及運用玩具相關的力學知識，你或會成為製作玩具的專家呢！

動手挑戰

## 實驗材料及工具

| | |
|---|---|
| 長棍 | 1 條 |
| 泥膠 | 1 團 |
| 竹籤 | 1 支 |
| 釘書機連釘 | 1 個 |
| 膠樽蓋 | 4 個 |
| 鑿子 | 1 把 |
| 剪刀 | 1 把 |
| 磁石 | 2 粒 |
| 廁紙筒 | 1 個 |

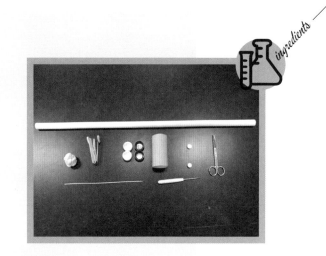

## 製作步驟

1. 如圖用鑿子在廁紙筒兩端的下方鑽孔。

2. 用鑿子在膠樽蓋中央鑽孔。

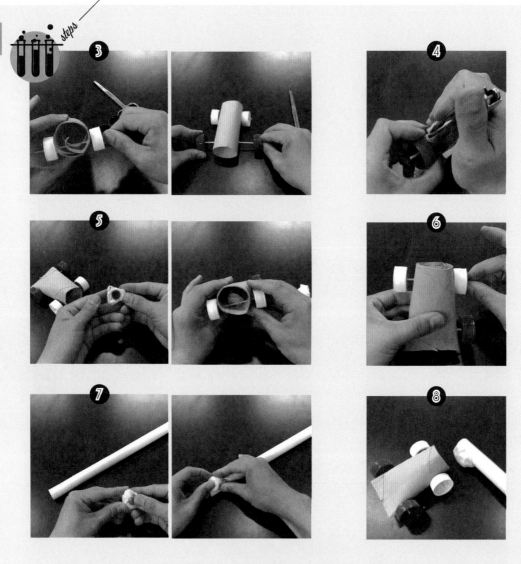

3. 如圖所示,用竹籤串起廁紙筒和膠樽蓋,像一架裝上了前輪的車,然後剪掉多餘的竹籤,再用餘下的竹籤以同樣方法製作車的後輪部分。

4. 用釘書機將廁紙筒一邊封好,另一邊保持打開。

5. 其中 1 粒磁石用泥膠完整包好,放在廁紙筒竹籤後方。

6. 用手轉動竹籤,測試它及膠樽蓋在廁紙筒身中能否成功轉動。

7. 另一泥膠同樣包好磁石,貼在長棍末端。

8. 長棍貼近廁紙筒的開口方向,測試車是否向前移動,完成!(如長棍吸緊廁紙筒,可改變廁紙筒內的磁石面試試。)

## STEM 挑戰

1. 嘗試用不同數目的磁石，觀察及計算車的速率變化。

2. 嘗試把磁石放置於廁紙筒的不同位置，讓它改變移動方向。

---

### ·科學原理·

**磁石非接觸力　同極相拒　異極相吸**

　　為什麼磁石動力車會向前移動呢？因為有力作用，把它由靜止狀態到開始運動及改變速率。力在哪裏施加呢？原來有一種力是非接觸力，縱使兩粒磁石沒有接觸，若將它們放置成同極相向時，會互相排斥，反之當磁石異極相向時，它們就會互相吸引。故此，當你慢慢把長棍的磁石放近至磁石動力車的磁石時，在兩者沒有互相接觸的情況下，只要磁石放置成同極相向，其一磁石就會向另一磁石施加非接觸力，車就會向前移動了！

---

**延伸活動**

· 科學小博士〈創意篇〉——「氣球賽車」衝呀！、翻滾玩具齊齊滾、永不墮崖紙馬王。

---

**動手做**

# C

藝術裝飾
科學呈現

藝術是人對情感的抒發，如何表達亦需要學習。當你掌握了科學的表達形式，你就可成為科學藝術家！

# 洋蔥皮染白蛋

　　洋蔥清新撲鼻，不但可以使用作烹調美食、預防感染性疾病，而且亦可去除油漆味及煙臭。但當我們使用洋蔥時，會把洋蔥皮撕去及丟棄，十分浪費。其實洋蔥皮可作染料，一起動手吧！

簡單入門

## 實驗材料及工具

| | |
|---|---|
| 洋蔥 | 4 個 |
| 網袋 | 1 個 |
| 白雞蛋 | 1 隻 |
| 細橡筋圈 | 2 條 |
| 剪刀 | 1 把 |
| 植物（你喜歡的圖案） | 1 株 |
| 煮食煲 | 1 個 |
| 水 | 1 煲 |

## 製作步驟

1. 把洋蔥皮撕出，放入煮食煲。

2. 用水洗淨洋蔥皮並浸在水中最少 15 分鐘。

3. 剪出可以放進一隻蛋長度的洋蔥網袋，利用細橡筋圈綁繫袋的末端。

4. 用水濕潤葉片後貼在白雞蛋上，然後把蛋放進網袋，並用細橡筋圈綁繫袋的開口。

5. 將網袋放進洋蔥皮水裏，在家長伴同下開啟煮食爐，直至水沸騰後再煮 5 分鐘然後關火，待放涼取出。

6. 從網袋裏取出蛋，撕開葉片，用水洗淨，完成！

## STEM 挑戰

1. 嘗試比較不同分量的洋蔥皮對染色深淺的效果。

2. 找出其他食物中的天然顏色染料，嘗試染色製作。

3. 嘗試將不用的物料染色，製作新作品！

**小貼士**

· 洋蔥皮水可保留作日後使用！

· 若想染出的顏色更深，可使用大量的洋蔥皮。

### · 科學原理 ·

**阻隔色素滲入造出圖案**

雞蛋殼由碳酸鈣粒子組成，表面較粗糙及內藏小孔，洋蔥皮細胞內的色素會慢慢滲入碳酸鈣粒子之間的小孔及依附在其粒子上，進行着色。由於葉片覆蓋在雞蛋殼表面上，減少了着色的部分，最後效果就似把葉片的形狀印在雞蛋殼上，十分有趣！

**延伸活動**

· 科學小博士〈智趣篇〉——煮滾硬殼菱角紮染。

藝術裝飾科學呈現

# 煮滾硬殼菱角紮染

　　大家可曾嚐過菱角？它是中秋常見的食品之一，用水把它煮熟後即可食用。菱角外殼非常堅固，雖然難剝開，但原來可作紮染之用，快來收集菱角殼做實驗吧！

## 實驗材料及工具

| | |
|---|---|
| 菱角 | 數隻 |
| 杯 | 1 個 |
| 毛巾 | 1 條 |
| 細盤 | 1 個 |
| 水桶 | 1 個 |
| 篩子 | 1 個 |
| 煮食煲 | 1 個 |
| 明礬（藥材店有售） | 2 兩 |
| 雪條棒 | 數支 |
| 剪刀 | 1 把 |
| 麻繩 | 1 圈 |
| 白襪 | 1 隻 |
| 水 | 適量 |

## 製作步驟

1. 把菱角放在篩子內用水洗淨，放進煮食煲加水覆蓋至 1/3，加熱約 10 至 15 分鐘煮熟菱角後，靜待冷卻。

2. 用篩子分開菱角及菱角水，菱角水倒進水桶內備用。

3. 用毛巾包起菱角，再用杯底部敲打，取出菱角肉，然後把殼洗淨及曬乾。

4. 把曬乾的菱角殼重複步驟 1 及 2 兩次，以收集更多菱角水。

5. 把 2 兩明礬放進細盤，加入熱水，並用雪條棒慢慢攪拌。直至所有明礬溶解，靜待冷卻。

6. 用麻繩、雪條棒及剪刀，把你設計的圖案紮緊在白襪上，然後把它放進步驟 5 的明礬溶液內浸泡最少 2 小時。

7. 取出白襪，放進步驟 4 的菱角水浸最少 1 小時。

8. 取出白襪，清理掉麻繩及雪條棒，把襪洗淨及曬乾，完成！

## STEM 挑戰

1. 掌握紮染技巧後，嘗試不同的紮染圖案吧。

2. 重複以上步驟但不加入明礬，找出明礬的作用，觀察及比較紮染清洗後顏色的深淺不同。

3. 嘗試不同的植物食材，例如蘇木、黃薑、咖啡渣、紫椰菜、洛神花等，製作不同的紮染吧！

### · 科學原理 ·

**色素附着纖維 虛位造出圖案**

　　白襪主要原料是纖維素。在煲菱角殼的過程中，其黑色色素會從殼中釋出，形成黑色溶液，因此當白襪的纖維素接觸黑色溶液時，纖維素分子會與黑色色素分子結合起來，造成染色效果。同時，只要在染白襪前用麻繩或橡筋圈紮緊雪條棒或波子，紮緊的位置便不會染上顏色，完成洗淨後更可在白襪上分別顯示條狀花紋或圓形圖案！

**明礬的化學效用**

　　為什麼要把白襪浸在明礬溶劑最少 2 小時呢？因為明礬的化學成分是硫酸鉀鋁，是一種常用的媒染劑。纖維素分子與色素分子分別會和鋁離子結合，最後產生一個更強的發色及固色效果，同時減少紮染後褪色的機會。

**延伸活動**

· 科學小博士〈智趣篇〉——洋蔥皮染白蛋。

**動手做**

# 色彩風扇學顏色

迢迢熱夏，時下流行購買及攜帶手提風扇外出，但一般的款式都只有外觀顏色的不同，流於單調乏味。因此，只要你能掌握手提風扇的結構及顏色混合的方法，你就可以設計出你儀的色彩風扇葉，讓扇葉轉動時更有活力！

技巧訓練

## 實驗材料及工具

| | |
|---|---|
| USB 風扇 | 1 把 |
| 螺絲批 | 1 支 |
| 紅、綠、藍色油性筆 | 各 1 支 |

## 製作步驟

1. 觀察 USB 風扇的螺絲及其絲帽的位置，利用螺絲批把風扇罩上的螺絲及絲帽扭開並取出，謹記要把絲帽扭回螺絲中，以免遺失。

2. 把風扇罩取出後，利用螺絲批扭開風扇葉上的螺絲，取出風扇葉。

3. 如圖使用紅、綠、藍色油性筆在風扇葉面上塗上顏色，靜待風乾。

4. 把風扇葉安裝回原本的位置，用螺絲批把風扇葉上的螺絲扭緊。

5. 把風扇罩放回原位，先用螺絲及絲帽固定其位置，再利用螺絲批把螺絲扭緊，完成！

· 把 USB 連接到電腦 USB 插頭或外置充電器，開動風扇，觀察風扇葉產生的顏色。

## STEM 挑戰

1. 使用 USB 風扇的不同轉速，觀察風扇葉產生的顏色有什麼不同。

2. 在風扇葉上塗上不同的顏色，觀察風扇葉產生的色光混合效果。如想把風扇葉上的顏色抹掉，可使用少量酒精及抹手紙。

### · 科學原理 ·

#### 光的三原色　變化萬千

紅色、藍色及綠色是光的三原色，混合三原色會產生其他顏色，如紅色加綠色會形成黃色，綠色加藍色會形成青色，藍色加紅色會形成洋紅色。當風扇葉快速旋轉時，扇葉上的三原色會混和在一起，此時你就會觀察到風扇葉展示出的不同顏色變化，引人注目！

- 科學小博士〈創意篇〉——彩色鹽沙瓶、創意渲染、夢幻肥皂泡。
- 科學小博士〈智趣篇〉——不用畫蠟筆畫。

延伸活動

# 不用畫蠟筆畫

　　繪畫需要天分？天分無疑非常重要，但難道沒有天分就得放棄學習？其實只要掌握蠟筆的科學性質，你也可製作出一幅令人賞心悅目的蠟筆藝術畫！

動手挑戰

## 實驗材料及工具

| | |
|---|---|
| 畫板 | 1 塊 |
| A3 白紙 | 1 張 |
| 泥膠 | 2 排 |
| 無痕膠紙 | 1 圈 |
| 剪刀 | 1 把 |
| 不同顏色的蠟筆 | 數支 |
| 風筒 | 1 個 |
| 報紙 | 數張 |

## 製作步驟

1. 把 A3 白紙放在畫板上,用無痕膠紙固定四角。

2. 把泥膠貼附在不同顏色的蠟筆上,按等距相隔貼在白紙左邊。

3. 用無痕膠紙把你喜歡的圖案或文字拼貼在白紙上。

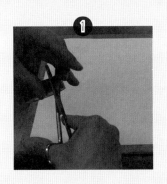

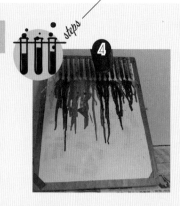

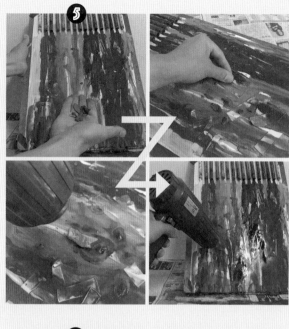

動手做

4. 將畫板靠牆壁傾斜放置，蠟筆在白紙上方，報紙墊底。開啟風筒，吹出熱風慢慢把蠟筆加熱熔解，熔掉的蠟筆顏色流下，待冷卻。

5. 集合冷卻了的蠟筆碎，塗滿白紙空白位置，再次用風筒加熱熔解。

6. 慢慢把無痕膠紙撕掉，完成！

## STEM 挑戰

1. 使用更多顏色的蠟筆及組合，比較哪個顏色組合可呈現出較好的視覺效果。

2. 用溫度計，設計一個實驗找出蠟筆的熔點。

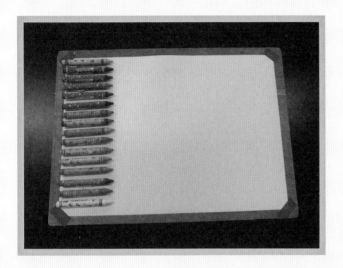

延伸活動

· 科學小博士〈生活篇〉——重生膠樽標籤書籤。
· 科學小博士〈創意篇〉——蠟燭蹺蹺板、彩色鹽沙瓶、創意渲染。
· 科學小博士〈智趣篇〉——彩虹糖啫喱、色彩風扇學顏色、香薰蠟燭不用石油。

## ·科學原理·

### 石蠟熔點低

蠟筆的主要成分有石蠟及顏色色素。一般石蠟在溫度到達攝氏 47 至 64 度時，就會軟化及熔解，所以風筒的熱風模式足以把蠟筆熔解，讓不同組合的顏色融合，千變萬化！

什麼是熔解？這是指一物質由固體轉變液體的相變過程，而當物質的溫度加熱至熔點時，過程就會發生。

藝術裝飾科學呈現

074
075

# 刻圖案木變碳

大家出入家門一定會用上鎖匙，只要加上一個有你心儀圖案的鎖匙扣，我相信大家便一定不會忘記帶鎖匙了，你更可把自己的設計與別人分享呢！現在就向大家介紹這個木雕燒 STEM 鎖匙扣！

## 實驗材料及工具

電烙鐵
（焊接器，俗稱「辣雞」）　　1 支

木板鎖匙扣　　1 個

木砂紙　　1 張

手噴光油　　1 支

白紙　　1 張

膠紙　　1 圈

剪刀　　1 把

鉛筆　　1 支

報紙　　1 張

· 電烙鐵、木板鎖匙扣和
　木砂紙可於五金店或手
　工美術店購買

## 製作步驟

*steps*

1. 用鉛筆把你喜歡的圖案畫在白紙上，然後剪出來用膠
　 紙貼在木板鎖匙扣上。

2. 在家長陪同下，將電烙鐵接電，待加熱後在白紙上再次繪出圖案，烙下線條。

3. 完成後取走白紙。

4. 用電烙鐵修飾木板圖案及鎖匙扣的其他位置。

5. 在空曠的地面鋪上報紙，把光油噴在木板鎖匙扣上，靜待風乾（光油需噴得均勻）。

6. 用木砂紙把木板鎖匙扣打磨光滑，完成！砂紙繞圈打磨，便不留痕迹。

動手做

## STEM 挑戰

嘗試使用不同木材，找出哪一種較易製作及效果更好。

· 科學小博士〈智趣篇〉——雪條棒放大尺。

延伸活動

---

### · 科學原理 ·

**了解木的物質特性**

　　當接電加熱後的電烙鐵接觸木板時，由於高溫促進化學反應產生，把木轉化為碳，在木板鎖匙扣上見到的黑色線條，正是碳的顏色。

　　為什麼要在木板鎖匙扣上噴上一層光油呢？因為木材內有大量微細的孔，容易讓水及蟲進入，所以需要塗上一層透明的光油作保護層，達至防水及防蟲蛀的效果，這能讓你製作的木雕繪鎖匙扣更耐用！

Section

# D

生活智慧的
科學製作

生活中，科學無處不在，我們不時都要利用科學解決日常生活的問題。當你掌握了當中的科學智慧，你就可成為科學生活家！

# 防跌罐吸盤

　　當飲料罐放在桌子上，如
果稍一不慎碰跌在桌上或地上，
飲料就會隨之傾倒出來，十分浪
費。故此，我們要設計一個防止
飲料罐被撞跌的裝置！

## 實驗材料及工具

| | |
|---|---|
| 鑿子 | 1 支 |
| 吸盤 | 2 個 |
| 橡筋圈 | 1 條 |
| 牙籤 | 1 支 |
| 螺絲墊 | 1 個 |
| 電線膠布 | 1 圈 |
| 剪刀 | 1 把 |
| 熱溶膠槍 | 1 把 |

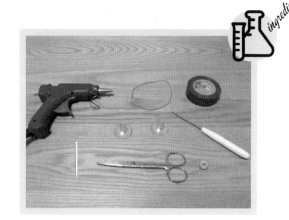

## 製作步驟

1. 開啟熱溶膠槍後,利用熱溶膠把 2 個吸盤頭固定在一起。

2. 把電線膠布在 2 個吸盤的連接處繞圈黏好。

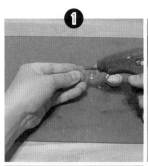

3. 用剪刀把橡筋圈剪開，然後把橡筋圈穿過螺絲墊上的小孔，並打幾個結，再使用剪刀修剪橡筋圈。

4. 用鑿子在吸盤上鑽一個小孔，然後用牙籤把橡筋圈穿過這小孔，最後把橡筋圈打結，完成！

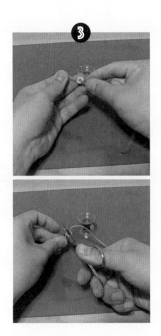

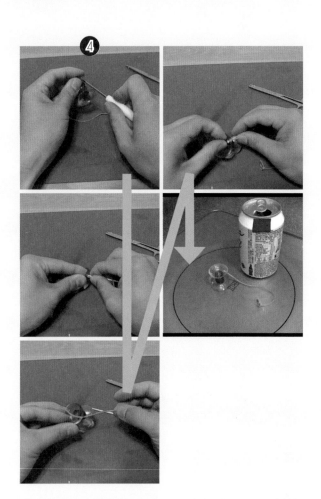

動手做

1. 測試不同重量的飲料，找出這裝置可承受哪一重量及類型的飲料。

2. 測試還有哪一些物件可以利用這裝置。

## ·科學原理·

### 吸盤內空氣壓力低於大氣壓力　吸力增強

　　當你用力把吸盤往下壓時，吸盤裏的空氣粒子便會被擠出來，同時讓內裏的空氣壓力降低。由於大氣壓力高於吸盤裏的空氣壓力，外面的空氣便會壓向吸盤，所以它可以非常穩固地固定在一平面上。而當你拉一拉螺絲墊後，空氣便會馬上進入吸盤裏，在沒有氣壓差出現的情況下，你就可以輕易拿起飲料罐了！

**延伸活動**

· 科學小博士〈生活篇〉——膠樽氣球充氣泵、神奇的水槽魚缸。
· 科學小博士〈創意篇〉——迷你空氣炮、衝天氣球氣墊船。

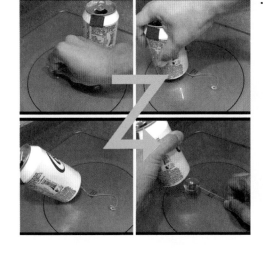

· 先把防跌罐吸盤按在桌上，然後把飲料罐放在吸盤上，向下一壓固定罐身，再用手搖晃罐身，測試飲料罐會否跌下。如果要取出飲料罐，先一手握緊罐身，另一手再拉一拉螺絲墊，飲料罐就可輕易取出！

生活智慧的科學製作

# 雪條棒放大尺

影印機方便快速複製。要把平面的圖案及文字放大，我們可使用影印機，但如果家中沒有影印機呢？原來只要懂得簡單的數學比例，你就可以製作一把雪條棒繪圖放大尺，同時，還能掌握當中的數學知識！

技巧訓練

## 實驗材料及工具

| | |
|---|---|
| 雪條棒 | 4 支 |
| 間尺 | 1 把 |
| 螺絲、螺絲帽及螺絲墊 | 4 套 |
| 鉛筆 | 1 支 |
| 電烙鐵（焊接器，俗稱「辣雞」） | 1 支 |

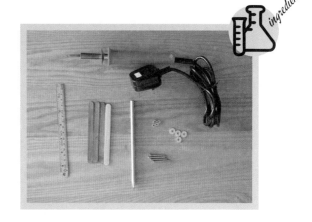

## 製作步驟

steps

1. 用鉛筆在 4 條雪條棒上分別寫下 A 至 D 作標記，A 為橙色、B 為黃色、C 為綠色、D 為紅色。

2. 如圖用間尺及鉛筆在 A 至 D 號的雪條棒上，以「X」標記下適當的距離。

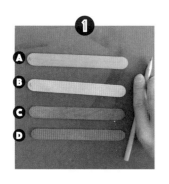

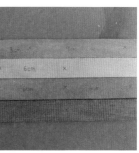

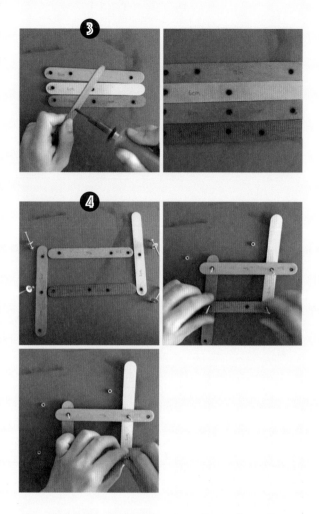

3. 在家長陪同下，開啟電烙鐵並在「X」記號上鑽孔。

4. 如圖把螺絲、螺絲墊及螺絲帽裝到雪條棒適當的小
孔，完成！

## STEM 挑戰

1. 使用不同長度的雪條棒及在不同的距離鑽孔，比較繪畫出來的圖案或文字有什麼不同。

2. 參考雪條棒繪圖放大尺小孔的距離，計算其放大率。

· 用手壓着雪條棒 C（綠色）的末端，作一支點。你可選擇下面的使用途徑：

1. 把雪條棒 D（紅色）的小孔放在你想放大的圖案或文字上作參考，然後把鉛筆套入雪條棒 A（橙色）的小孔作繪畫點，開始繪畫吧！

2. 把鉛筆套入雪條棒 A（橙色）的小孔，然後把筆放入雪條棒 D（紅色）的小孔，撰寫或繪畫你喜歡的文字或圖畫吧！

**動手做**

---

### · 科學原理 ·

#### 三角形等腰的特性

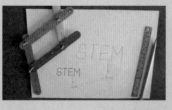

當你使用方法 1 或方法 2 時，你會留意到支點、參考點及繪圖點都是沿一直線（當作三角形的底線），故此無論你把筆移到哪一位置，由於三角形的等腰是相等，同時，考慮到分別由支點及參考點與支點及繪圖點形成三角形是相似三角形，因此你在繪圖點撰寫或繪畫的文字及長度，其實就是三角形等腰長度的比例！

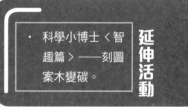

**延伸活動**

· 科學小博士〈智趣篇〉——刻圖案木變碳。

Ｄ

# 氣球眼球模型

　　為何我們可看得見東西呢？眼睛是身體其中一個探測光線的器官，結構雖然複雜，但原來只要一個氣球，就可以製作出氣球眼球模型，把光線進入眼球內的影像呈現出來，一起來學習生物學吧！

技巧訓練

## 實驗材料及工具

| | |
|---|---|
| 放大鏡（細） | 1 個 |
| 氣球 | 1 個 |
| 剪刀 | 1 把 |
| 杯 | 1 個 |
| 油性水筆 | 1 支 |
| 泥膠 | 1 粒 |
| 電筒（附電芯） | 1 支 |

## 製作步驟

### 氣球部分

1. 取出放大鏡中的鏡片，套入氣球裏。

2. 把空氣吹入氣球裏，用手壓緊氣球吹氣部分，然後把氣球倒置，把鏡片移至氣球吹氣部分，再慢慢放鬆手上的力度。當鏡片堵塞了吹氣部分，氣球內的空氣就不會再排出來了。

3. 剪去氣球的吹氣位，直至見到鏡片小孔。

4. 把泥膠平均地貼在杯邊上，如圖小心地把氣球放在杯上。

## 電筒部分

5. 取出電筒燈泡前的膠片，用油性筆在其表面寫上「p」字，然後把膠片安裝回電筒中，你會在電筒前看到「q」字。完成！

## STEM 挑戰

1. 使用不同大小的放大鏡鏡片及氣球，製作大型的眼球模型。

2. 真正的眼球裏是充滿液體的，可嘗試在氣球裝置內加水。

### ·科學原理·

**光線折射影像顛倒　大腦在反轉**

　　當我們看見一件物體時，來自物體的光線會經過瞳孔進入眼球，同時晶體會把光線折射後落在視網膜上，其形成的影像是上下左右倒置及較實物為小的實像，最後大腦的視覺中心就會把影像詮釋成直立。如同這模型一樣，放大鏡鏡片及氣球底部分別代表眼睛的晶體及視網膜，而氣球的鏡片小孔則代表讓光線進入眼球的瞳孔。眼睛是靈魂之窗，大家一定要好好保護！

**延伸活動**

· 科學小博士〈生活篇〉——迷你影院手機投影機。

· 科學小博士〈創意篇〉——氣球怪笛、3D 全息投影。

開啟電筒，把光照射進氣球吹氣位的小孔裏，調節電筒與杯的距離，直至可在氣球底部觀察到一個清晰的「b」字。

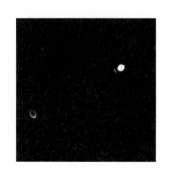

**動手做**

▶

# 自製潤唇膏

　　潤唇膏在秋冬是必備的唇部保養品之一，可防止唇部皮膚乾燥及爆裂。消費者委員會的檢測結果發現，市面上部分潤唇膏含可致敏香料，可能引致過敏。只要掌握潤唇膏製造之科學秘密，就可以用得安心了！

動手挑戰

## 實驗材料及工具

| | |
|---|---|
| 電磁爐 | 1 個 |
| 煮食煲 | 1 個 |
| 椰子油 | 1 樽 |
| 白蜂蠟 | 1 包 |
| 洗淨的玻璃瓶 | 1 個 |
| 乳木果脂 | 1 樽 |
| 雪條棒 | 1 支 |
| 電子磅 | 1 個 |
| 已用完及洗淨的唇膏筒 / 新唇膏筒（5 毫升） | 數支 |
| 水 | 適量 |

· **新唇膏筒、乳木果脂及白蜂蠟**可於化妝原料店購買。

## 配方及計算方法

為方便計算，1 克 = 1 毫升

如製作 5 支 5 毫升（5 克）的潤唇膏，即總共需要 5×5 = 25 克或毫升

| | 分量比例 | 分量<br>（以5支5克潤唇膏計算） |
|---|---|---|
| 乳木果脂 | 40% | 10 克 |
| 椰子油 | 40% | 10 毫升 |
| 白蜂蠟 | 20% | 5 克 |

## 製作步驟

以下是製作 **5 支** 5 克潤唇膏的步驟：

1. 把洗淨的玻璃瓶放在電子磅上，然後按「清零」鍵，以顯示其後放入材料的實際重量（如電子磅沒有「清零」功能，可利用加法計算需要的分量）。

2. 用雪條棒把 5 克白蜂蠟加入玻璃瓶裏，然後按鍵。

3. 把 10 毫升椰子油加入玻璃瓶裏，然後按鍵。

4. 用雪條棒把 10 克乳木果脂加入玻璃瓶裏，然後按鍵。

5. 在家長陪同下，把水注入煮食煲，然後把玻璃瓶放在煲裏，再用電磁爐把水加熱。用雪條棒攪拌，直至瓶內原料被溶解至透明，關掉電磁爐。

6. 靜待一會，馬上把透明的溶液倒進唇膏筒裏，靜待冷卻。

7. 如玻璃瓶冷卻過久導致溶液凝固，請重複步驟 5 及 6。

8. 靜待數小時，完成！

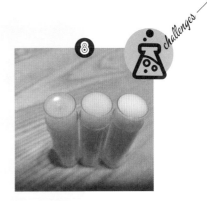

## STEM 挑戰

1. 改變乳木果脂、椰子油及白蜂蠟的使用百分比，比較潤唇膏凝固後的堅固度受哪一物質影響。

2. 嘗試在步驟 6 中加入 1 至 2 滴精油，製作不同香味的潤唇膏。

3. 計算 1 支潤唇膏的成本，比較市面上潤唇膏的價格。

延伸活動

· 科學小博士〈智趣篇〉——香薰蠟燭不用石油。

---

### · 科學原理 ·

#### 乳木果脂形成保護層　防止水分蒸發流失

為什麼潤唇膏可防止唇部皮膚乾燥及爆裂呢？因為唇部皮膚較薄，加上微血管接近唇部，故此，於天氣乾燥的秋、冬季，水分較易從唇部蒸發流失。因此，當你在唇部塗上潤唇膏，由於乳木果脂是由天然乳油木果實產生的脂肪提取物，它就可作為保護層防止水分由唇部蒸發流失。

白蜂蠟是什麼？它是從蜂窩中提取，你可根據個人喜好在製作中加減分量，調節潤唇膏的軟硬度，加上製作成分天然，所以基本上大家可以放心使用。

動手做

# 香薰蠟燭不用石油

香薰治療可舒緩疲勞感，更可促進身體的新陳代謝。它有不同的香味，因此大家可按照喜好及需要選購。香薰蠟燭是香薰治療的產品，由於需要長期燃燒，可能會產生有毒物質。現在就教大家製作以天然物料製造的香薰蠟燭！

## 實驗材料及工具

| | |
|---|---|
| 電磁爐 | 1 個 |
| 煮食煲 | 1 個 |
| 電子磅 | 1 個 |
| 木筷子 | 1 對 |
| 廢紙 | 1 張 |
| 大玻璃瓶（製作香薰溶液） | 1 個 |
| 細玻璃瓶（香薰蠟燭瓶） | 1 個 |
| 剪刀 | 1 把 |
| 棉繩 | 1 條 |
| 橡筋圈 | 2 條 |
| 黃薑粉 | 1 包 |
| 自選香薰油 | 1 支 |
| 大豆蠟 | 1 包 |
| 水 | 適量 |

· 香薰油及大豆蠟可於化妝原料店購買。

## 製作步驟

1. 把大玻璃瓶放在電子磅上按「清零」鍵，然後加入約 100 克的大豆蠟（如電子磅沒有「清零」功能，你可利用加數方法計算需要的分量）。

動手做

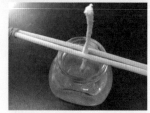

2. 在家長陪同下，把水注入煮食煲，然後把大玻璃瓶放在煮食煲裏，再用電磁爐加熱。用木筷子攪拌，直至大豆蠟被溶解至透明，最後把電磁爐的加熱溫度調至最低。

3. 把棉繩放入溶液裏（長度參考細玻璃瓶的高度）。過一會，用木筷子把棉繩取出放在廢紙上拉直，靜待硬化，以製作蠟燭芯。

4. 把黃薑粉加進大玻璃瓶，用木筷子攪拌。

5. 用 2 條橡筋圈繫緊一對木筷子的前及後端，把步驟 3 製作的蠟燭芯夾在一對木筷子中間。

6. 把蠟燭芯放在細玻璃瓶口上。關掉電磁爐，把數滴的自選香薰油混和大豆蠟溶液，倒進細玻璃瓶裏，冷卻至少 10 小時。

7. 取走木筷子，把過長的蠟燭芯剪去，完成！

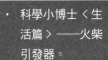

## STEM 挑戰

1. 嘗試用切碎的蠟燭或白蜂蠟取代大豆蠟，比較製成品的硬度及燃燒的情況。

2. 加入不同的油性顏料及香薰油，製造不同顏色及香味的香薰蠟燭。

**延伸活動**

- 科學小博士〈生活篇〉——火柴引發器。
- 科學小博士〈創意篇〉——蠟燭蹺蹺板、DIY 製作走馬燈。
- 科學小博士〈智趣篇〉——自製潤唇膏。

---

## ・科學原理・

### 天然大豆蠟取代石油副產品　健康又環保

　　蠟燭主要成分都是石油副產品，因此蠟燭燃燒時有機會釋出致癌物苯和甲苯，長期吸入可能會引起健康問題。以上製作的香薰蠟燭用天然的大豆蠟，由於它是由全天然、非基因改造植物大豆油氫化而成，所以它能於大自然分解，燃燒時亦不會產生有毒物質，更可用肥皂和水清理蠟漬，不會污染環境，因此這物料非常適合製作長期燃燒的香薰蠟燭。

### 到達香薰油的沸點　香味釋出

　　為什麼香薰蠟燭需要燃燒才能釋出香味呢？由於大部分的香薰油都是從天然植物中提取，加上油的沸點較低，所以，當蠟燭在燃燒時的溫度足以讓香薰油揮發，你就可嗅到它的香味了。

Ⓓ 生活智慧的科學製作

# E

# 膠樽創意
# 改變用途

"城市中，膠樽無處不在，短暫的使用後就會被丟棄或回收。但只要發揮一點創意，改變膠樽的用途，即可讓廢棄膠樽重獲新生！

# 膠樽澆水慢潤土壤

種植必須按時澆水，否則植物就會枯萎。香港人生活繁忙，有什麼方法避免忘記澆水呢？原來只要一個膠樽，就可製作一個方便的膠樽澆水器及掌握澆水技巧了！

## 實驗材料及工具

| | |
|---|---|
| 大木夾 | 1 個 |
| 竹籤 | 1 支 |
| 剪刀 | 1 把 |
| 火槍 | 1 支 |
| 膠樽 | 1 個 |
| 水 | 適量 |

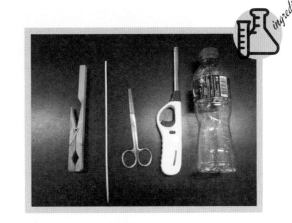

## 製作步驟

1. 用大木夾把膠樽蓋夾住。

2. 在家長的協助下，用火槍的火慢慢打圈燃燒膠樽蓋
   頂約 15 至 20 秒，直至蓋頂軟化。

3.  用竹籤慢慢插進軟化的蓋頂，謹記不用馬上取出竹籤，靜待冷卻。

4.  把步驟 3 的整個裝置放在水龍頭下，用水慢慢沖洗及取出竹籤。

5.  用剪刀在樽蓋頂部斜剪一刀，製作澆水口。

6.  把水注入膠樽，接上樽蓋，完成！

## STEM 挑戰

1. 掌握技巧後，嘗試折曲或裁剪竹籤，製作不同形狀及大小的澆水口。
2. 觀察及量度不同形狀、大小的澆水口放於土壤後流水的速率。

**延伸活動**

· 科學小博士〈生活篇〉——懶人種植瓶、「魚菜共生」迷你版。
· 科學小博士〈智趣篇〉——膠樽蓋玻璃樽。

---

### ·科學原理·

#### 土壤吸水輸往葉片

澆水對植物非常重要。土壤裏的水被植物的根部吸收後，水會沿着植物莖部的木質部運輸到葉部進行光合作用，因此澆水應該澆在土壤上，而非葉的表面。

#### 澆水口長延緩水流

若在葉及花瓣上澆水，水分被陽光蒸發後可能會破壞植物的結構，故此澆水口愈長，就可更有效地把水澆在土壤裏。同時，水會被慢慢吸收及蒸發而令土壤乾旱，把膠樽倒插後，內裏的水會慢慢流出，補充其失去的水分，實用又方便！

#### 聚丙烯（膠）有熔點

膠樽蓋由聚丙烯（Polypropylene，簡稱 PP）組成，亦是 5 號塑膠材質。當膠樽蓋加熱至熔點時，聚丙烯就會開始軟化。只要把握這個時間及即時冷卻，就可改變原有的形狀了！

# 膠樽潔淨起泡器

接觸性皮膚炎如果在手部發生，又俗稱「主婦手」，它會令皮膚痕癢難耐，情況嚴重的更會導致皮開肉裂，流血滲液。引致的成因其一是經常接觸刺激性物質，如化學性清潔液。故此，我們在洗碗碟時，應避免接觸化學性清潔液，因此，這個膠樽潔淨起泡器一定幫得上忙！

簡單入門

## 實驗材料及工具

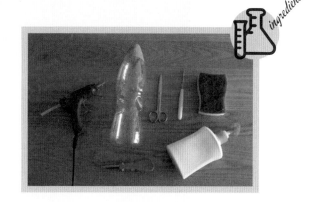

| | |
|---|---|
| 清潔後的細膠樽連蓋 | 1 個 |
| 鑿子 | 1 把 |
| 剪刀 | 1 把 |
| 化學性清潔液 | 1 支 |
| 清潔海綿 | 1 塊 |
| 熱溶膠槍 | 1 把 |
| 螺絲批 | 1 支 |

## 製作步驟

1. 如圖用鑿子在膠樽身頂部及底部鑽孔,然後用剪刀沿着小孔完整地剪出膠樽頂部及底部。

2. 用鑿子在膠樽底中央的位置鑽一小孔,然後用螺絲批把小孔擴大。

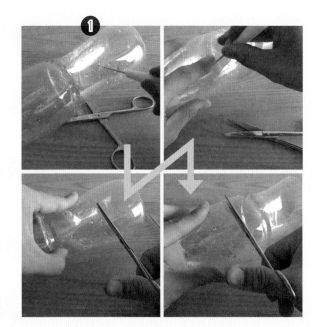

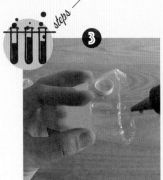

3. 開啟熱溶膠槍，把熱溶膠塗上步驟 1 的膠樽樽頂部分的底部邊緣，然後把樽頂部分放進膠樽樽底部分裏，用力固定它們。

4. 開啟熱溶膠槍，把熱溶膠塗在膠樽底部，然後把膠樽底部用力貼在海綿上，靜待冷卻。

5. 扭開細膠樽蓋，把化學性清潔液注入膠樽裏，最後把樽蓋扭緊，完成！

**動手做**

· 把膠樽潔淨起泡器放在碗碟上，用手向下擠壓數次，直至有泡泡出現，你就可用它來潔淨碗碟了！

## STEM 挑戰

1. 嘗試在膠樽底部不同位置鑽孔，找出哪一個位置較容易擠壓出泡泡。

2. 嘗試不同大小或數量的鑽孔，找出如何可用最少的化學性清潔液擠壓出最多的泡泡。

---

### ·科學原理·

**清潔海綿內有小孔　有助清潔劑形成泡泡**

當你把清潔液加進膠樽裏，它就會沿着膠樽底部的小孔進入清潔海綿裏。由於清潔海綿內有許多小孔，當你不斷擠壓海綿時，更多的空氣便會進入這些小孔，同時清潔液通過海綿擠壓後，會產生大量的小泡把空氣藏起來，愈多的泡泡有助把污染物與器具隔離並被水帶走。同時，你潔淨碗碟時，只需手握着膠樽上身，這樣亦可減少皮膚直接接觸清潔液。

### 延伸活動

· 科學小博士〈生活篇〉——柚子皮清潔劑。

# 膠樽棉線球儲放裝置

棉線常以棉線球形式存放。當我們取出棉線時，棉線球往往會隨着棉線移動，這樣很容易帶來使用上的不便。故此，我們要設計一個收納容器，解決以上的不便！

簡單入門

## 實驗材料及工具

| | |
|---|---|
| 清潔後的膠樽連蓋 | 1 個 |
| 鑿子 | 1 把 |
| 剪刀 | 1 把 |
| 油性筆 | 1 支 |
| 棉線球 | 1 個 |

## 製作步驟

1. 如圖用鑿子在膠樽樽身底部鑽出小孔，然後用剪刀沿着小孔完整地剪出膠樽底部。

2. 扭開膠樽蓋，把它放在膠樽樽身底部位置，用油性筆畫出 1 個圓形。再用鑿子及剪刀取出這圓形，形成一大孔。

3. 如圖使用油性筆在膠樽上部繪畫兩個「X」記號。

4. 如圖用剪刀剪去在兩個「X」記號以外的膠樽部分。

5. 把步驟 4 的整個裝置放置於固定的長棒附近，把有大孔的膠樽部分繞過長棒一圈後套入膠樽頂蓋裏，完成！

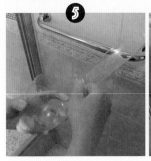

## STEM 挑戰

1. 使用不同大小及長度的膠樽，製作適合不同大小的棉線球使用。

2. 除了儲放棉線球外，也可以用來當作廚房餐具、肥皂收納儲存裝置呀！

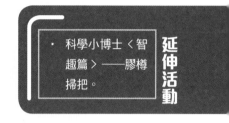

· 科學小博士〈智趣篇〉——膠樽掃把。

延伸活動

---

### · 科學原理 ·

**力的作用帶動棉線球滾動**

　　當你拉動棉線球的棉線時，拉動棉線的動能會傳遞至棉線球，同時因為慣性定律，即是牛頓第一運動指出，如果沒有受到力的作用，物體永遠維持原狀，靜止的繼續靜止，運動的也會以原來的速度繼續運動。故此，要阻止物件的運動，我們必須設計一裝置才可解決這問題！因此，使用這裝置時，拉一拉棉線後，棉線球只會於膠樽裏轉動。

**動手做**

· 把不同大小的棉線球放入膠樽裏，從膠樽蓋孔取出棉線頭。把棉線向下拉，棉線球只會在膠樽裏不斷滾動而不會滾出來！

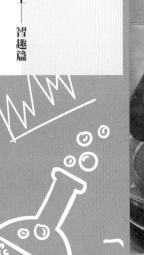

# 膠樽肺模型

　　我們用肺這個器官來進行呼吸，肺在身體裏，我們難以觀察換氣的過程。不過，只要運用科學原理，用簡單的材料製作膠樽肺模型，便可呈現換氣機制。現在齊來做生物學家吧！

## 實驗材料及工具

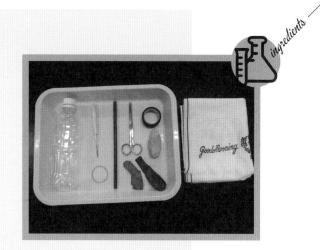

ingredients

| | |
|---|---|
| 膠樽 | 1 個 |
| 鑿子 | 1 把 |
| 橡筋圈 | 1 條 |
| 飲管 | 1 支 |
| 剪刀 | 1 把 |
| 氣球 | 2 個 |
| 膠紙 | 1 圈 |
| 泥膠 | 1 堆 |
| 毛巾 | 1 條 |
| 膠盤 | 1 個 |
| 水 | 適量 |

## 製作步驟

steps

1. 如圖剪開膠樽身，並用膠紙包好膠樽銳利的邊緣。

2. 把氣球剪開一半，將剪開的氣球膜反轉，套在膠樽口，用膠紙封好。

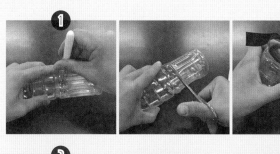

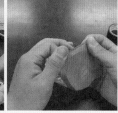

E 膠樽創意改變用途

116

117

steps

③

⑤

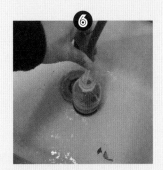

⑥

④

⑦

⑧

· 用手指把氣球
　膜按入膠樽，
　然後放開手
　指，觀察內裏
　氣球變化。

**動手做**

3. 把另一個氣球套在飲管上，用橡筋圈固定。

4. 用飲管把氣球吹脹，然後放走空氣，重複這個步驟最少三次。

5. 參考膠樽的高度，在飲管的相應高度上黏貼泥膠。

6. 用水注滿膠樽，檢查有沒有滲漏，然後放在膠盤上。

7. 把飲管裝置放入膠樽，用飲管吹脹氣球，同時用飲管上的黏貼泥膠把膠樽口封好。

8. 剪短飲管，用毛巾抹乾淨整個裝置。完成！

## STEM 挑戰

1. 使用不同大小的膠樽
   及氣球,觀察哪一種
   材料製作效果最好。

2. 人體的肺部分開左、
   右二個,可嘗試模仿
   製作其模型。

---

### ·科學原理·

#### 一呼一吸　橫隔膜一拱一平

　　呼氣時,橫隔膜肌肉放鬆,橫隔膜回復拱形;
用手指把氣球膜按入膠樽時,氣球膜如同橫隔膜形
成拱形,膠樽裏的空間減少,內裏的水便會壓向
氣球令它的體積縮少,這使氣球內的空氣壓力高於
大氣壓力,空氣便由氣球裏沿着飲管離開,這如同
肺的呼氣。但當橫隔膜拉平,即不把氣球膜按入膠
樽,大氣中的空氣便進回氣球裏,氣球最後會膨脹
起來,這即是吸氣的動作。

　　科學模型有助大家掌握其科學原理及運作,所
以大家可在學習其他科學知識時,尋找相關的科學
模型協助學習。

---

### 延伸活動

- 科學小博士〈生活篇〉——膠樽氣球充氣泵。
- 科學小博士〈創意篇〉——氣球怪笛。
- 科學小博士〈智趣篇〉——氣球眼球模型。

---

膠樽創意改變用途

# 薯片筒膠樽升降機

筒裝薯片的設計方便短期保存薯片，因為它的膠蓋能把薯片整筒封存，所以筒裝薯片備受大家歡迎。拿取底部的薯片時，通常你都要把手伸入筒中，或是把筒斜放着以取出薯片。這可能會把手弄髒，甚至一不小心就把餘下的薯片盡數傾倒出來，場面令人尷尬。而且，當你把整筒薯片吃完，薯片筒就會被丟掉，十分浪費。因此，一齊多動腦筋，設計一個薯片筒膠樽升降機，解決以上問題吧！

## 實驗材料及工具

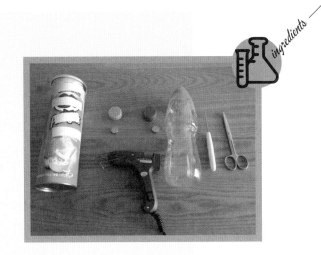

| | |
|---|---|
| 清潔後的膠樽 | 1 個 |
| 膠樽蓋 | 2 個 |
| 鑿子 | 1 把 |
| 剪刀 | 1 把 |
| 強力磁石 | 2 粒 |
| 熱溶膠槍 | 1 把 |
| 清潔後的薯片筒 | 1 個 |

## 製作步驟

1. 如圖把膠樽蓋放在膠樽底部旁量度需要的長度，
   用手指標記着位置。

2. 用鑿子在標記位置鑽出小孔，再用剪刀沿着膠樽
   底部小孔完整地剪走膠樽底部。

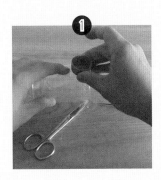

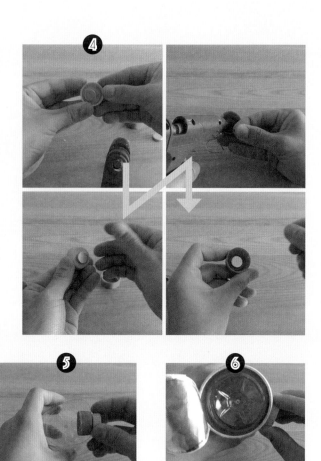

3. 測試兩粒強力磁石的擺放方向是否可把膠樽蓋完全吸住。

4. 用熱溶膠槍把強力磁石固定在膠樽蓋內。

5. 用熱溶膠槍把其中一個膠樽蓋如圖固定在膠樽底部內壁。

6. 把膠樽倒轉放入清潔後的薯片筒裏，然後，把另一膠樽蓋放近薯片筒外壁，直至筒外的強力磁石能吸緊筒內的另一磁石。

7. 把筒外的膠樽蓋推到薯片筒底部，完成！

## STEM 挑戰

使用不同大小及長度的薯片筒，為不同大小的薯片、薯條或薯波設計不同大小的薯片筒膠樽升降機吧！

**延伸活動**

- 科學小博士〈創意篇〉—— 製作簡單旋轉聖誕樹。
- 科學小博士〈智趣篇〉—— 磁石動力車。

### ·科學原理·

**異極相吸**

　　磁石分有兩極，當它們異極相向時，就會自然地互相吸引。這吸引力非常強大，所以，要將它們分離的話，你需要一點力氣及技巧。在這製作上亦使用了這原理，縱使薯片有一定重量，但由於磁石之間的吸引力大於薯片的重量，所以，當你移動筒外的膠樽蓋時，就可以間接地帶動筒內的膠樽部分，成功把薯片運輸到薯片筒的頂部！

## 動手做

- 打開一筒新的薯片，把它們放到薯片筒膠樽升降機上。當你要拿取薯片筒內的薯片時，把筒外的膠樽蓋往上一推，薯片就會出現在你眼前！

**小提醒**

隨着大眾對環保意識的增加，大家都習慣將垃圾分類。倘若同一回收物件夾雜多於一種物料，以薯片筒為例，它由紙張、塑膠及金屬組成，回收商為減低回收成本，故不作回收。因此，從環保的角度看，我們應減少購買或多用創意設計來增加物件的使用量，以免浪費。

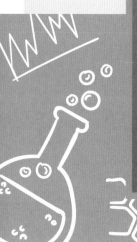

# 膠樽蓋陀螺玩具

走過公園，見到一大班小朋友圍着在一起，好奇的我走去看看他們在做什麼，原來他們正在玩爆旋陀螺！其實爆旋陀螺的價格都頗貴，如果你又想玩，又想學習當中的科學原理，倒不如自己製作一個吧！

## 實驗材料及工具

| | |
|---|---|
| 清潔後的膠樽蓋 | 2 個 |
| 清潔後的膠樽 | 1 個 |
| 鑿子 | 1 支 |
| 剪刀 | 1 把 |
| 電線膠布 | 1 圈 |
| 尖螺絲 | 2 粒 |

| | |
|---|---|
| 牙線 | 1 圈 |
| 螺絲批 | 1 支 |

## 製作步驟

1. 用鑿子在 2 個膠樽蓋的中央位置鑽一小孔。

2. 如圖用螺絲批把尖螺絲穿入 2 個膠樽蓋中央位置的小孔，然後用電線膠布把 2 個膠樽蓋固定在一起。

3. 把組合後的膠樽蓋放在膠樽上身量度所需長度，即是尖螺絲比膠樽略長一點。用鑿子在膠樽上身所需的部分鑽上小孔，然後用剪刀沿着小孔完整地剪出膠樽上身部分。

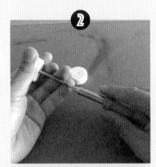

膠樽創意改變用途

124

125

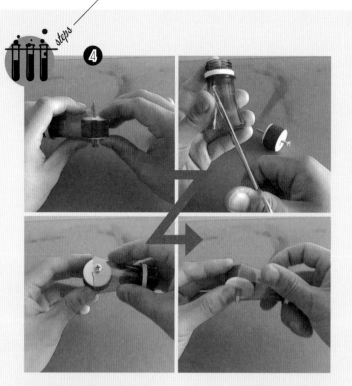

❹

4. 如圖用剪刀在膠樽上身剪出 2 個三角形，讓尖螺絲突出的部分能剛好楔進 2 個三角形。

5. 把牙線捲在另一尖螺絲上，然後用電線膠布封好作固定。

6. 把步驟 5 另一端的牙線捲在膠樽蓋組合的尖螺絲上，然後如圖把尖螺絲穿進步驟 4 的膠樽上身裏，完成！

❺

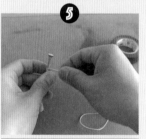

❻

**動手做**

## STEM 挑戰

1. 可在兩個膠樽蓋之間加入圓形的厚紙皮或光碟，並在物件上剪出不同的圖案。

2. 使用不同長度的牙線，找出需要用上多少牙線才能最持久地維持陀螺玩具轉圈。

3. 試用牙籤、竹籤或原子筆芯代替尖螺絲及絲帽，或者在不同的表面進行測試，記錄及比較膠樽蓋陀螺轉圈的時間有什麼不同。

---

## ·科學原理·

### 以軸端站立　到達平衡狀態

當陀螺受力旋轉時，因為它需先以軸端站立以達至平衡狀態，所以，開始旋轉時，你會觀察到它會左搖右晃，但它搖擺的情況會慢慢減少，直至達到平衡狀態為止，故此，尖螺絲準確地穿過膠樽蓋中央位置，這一點是非常重要的。

### 阻力及摩擦力　旋轉力減少

根據牛頓第一運動指出，如果沒有受到力的作用，物體永遠維持原狀，靜止的繼續靜止，運動的也會以原來的速度繼續運動，但為何陀螺會隨着時間慢慢地減慢旋轉速度，到最終左搖右晃地停止呢？因為它保持平衡狀態後，旋轉力會受到其他因素影響，如空氣阻力或地面摩擦，所以，最終其旋轉的動力就會慢慢減少而停止了。要改良其旋轉情況，要先掌握內裏的科學原理！

---

· 科學小博士〈智趣篇〉——菱角爆旋。

**延伸活動**

· 把尖螺絲向膠樽反方向拉出，膠樽蓋陀螺玩具就會產生動力而衝出來！

膠樽創意改變用途

126

127

動手挑戰

# 膠樽雨傘套

　　一到下雨天，大家都會拿雨傘出街，以免淋濕身體，導致着涼。使用後的雨傘有一個問題，就是雨水永遠向下流到地上。萬一有人不注意腳下的水迹，很可能會發生危險。下雨時，一般商場門口都會放置膠袋雨傘套方便進入商場的人暫時收起雨傘，但最終就有大量的膠袋雨傘套被丟棄，十分浪費。因此，讓我們設計一個雨傘套儲放雨傘吧！

## 實驗材料及工具

| | |
|---|---|
| 長雨傘 | 1 把 |
| 清潔後的膠樽 | 4 個 |
| 鑿子 | 1 把 |
| 剪刀 | 1 把 |
| 繩 | 1 圈 |
| 螺絲批 | 1 支 |

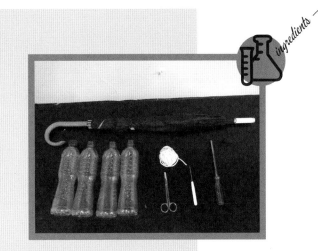

## 製作步驟

1. 以長雨傘的長度作參考，把膠樽排列放置在雨傘旁邊，排列時要預留膠樽 1/3 的長度作重疊，再計算所需膠樽的長度及數量。

2. 用鑿子在 4 個膠樽樽身底部鑽出小孔，然後用剪刀沿着膠樽底部的小孔完整地剪出膠樽底部。

3. 用鑿子在 3 個膠樽樽身頂部鑽出小孔，然後用剪刀沿着小孔完整地剪出頂部。

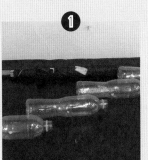

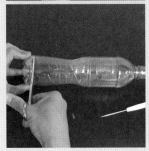

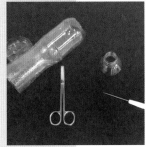

E 膠樽創意改變用途

*steps*

④
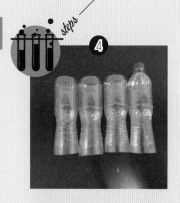

⑤
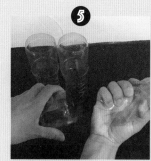

⑥
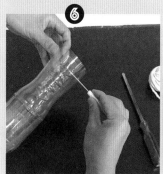

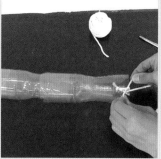

4. 完成步驟 2 及 3 後，需要的膠樽形狀如圖。

5. 用手把膠樽底部擠壓，把步驟 4 的膠樽逐一套入其他膠樽裏。

6. 用鑿子在最後一個膠樽樽身兩側鑽出小孔，然後用螺絲批把小孔擴大，再穿上繩繫緊，完成！

## 動手做

- 把雨後、使用過的雨傘套進這雨傘套裏，垂直懸掛，靜待雨傘套底部收集傘上的雨水，最後把雨傘套底部的膠樽蓋扭開，流出來的水則可作灌溉植物之用。別浪費這珍貴的水源呀！

## STEM 挑戰

1. 使用不同大小及長度的膠樽，為不同的雨傘設計雨傘套。

2. 用不同顏色的噴漆為你的雨傘套塗上色彩。

### · 科學原理 ·

**一個套一個　解決長度不足的問題**

　　膠樽雨傘套的設計原意是希望收集雨後殘餘在雨傘的水分。由於沒有足夠長的膠樽能收納整把長雨傘，所以我們需要把幾個膠樽連接在一起，才可解決這問題。物件佔用空間，要收納物件就要想出辦法善用空間。設計的理念採用了俄羅斯娃娃的堆疊原則，把大的膠樽套入小的膠樽裏，加上膠樽樽身的形狀不規則，這樣就可以幫助製作其連接部分，此方法亦可用作製作長形管道！故此，只要有科學家般的細心觀察及發揮創意，你都可以嘗試製作更多創新產品！

**延伸活動**

- 科學小博士〈創意篇〉——自製回聲筒。
- 科學小博士〈智趣篇〉——膠樽掃把。

膠樽創意改變用途

動手挑戰

# 膠樽蓋玻璃樽

存放液體時，玻璃樽較膠樽耐用及安全。市面上使用過的玻璃樽，其樽蓋部分多數是一次性開啟的設計，使用過後，玻璃樽難免會被一同棄置，十分浪費。原來只要一個膠樽，就可以讓玻璃樽重新派上用場！

## 實驗材料及工具

| | |
|---|---|
| 玻璃樽 | 1 個 |
| 清潔後的膠樽連蓋 | 1 個 |
| 鑿子 | 1 把 |
| 剪刀 | 1 把 |
| 風筒 | 1 個 |
| 水 | 適量 |

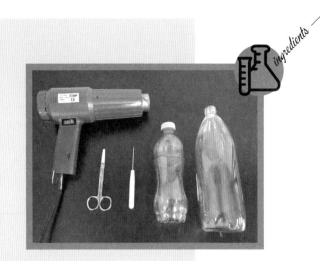

## 製作步驟

1. 用鑿子在膠樽樽身頂部鑽出小孔，然後用剪刀沿着小孔完整地剪出膠樽頂部。

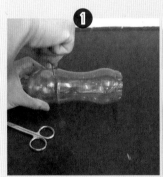
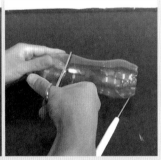

2. 把步驟 1 的膠樽頂部套上玻璃樽頂部，用手壓緊膠樽頂部。開啟風筒，慢慢把膠樽樽身加熱至收縮，觀察其變化，直至膠樽樽身完全緊貼在玻璃樽頂部。

3. 把步驟 2 的膠樽頂部直接用水冷卻及清洗，檢查其固定情況。完成！

動手做

## STEM 挑戰

1. 利用膠樽受熱時的物理變化，使用不同顏色的膠樽膠片，設計及製作不同顏色的膠樽蓋玻璃樽。

2. 使用不同伏特（Volt，簡寫為 V）的風筒，找出哪一風筒較有效吧！

**延伸活動**

- 科學小博士〈生活篇〉——重生膠樽標籤書籤。
- 科學小博士〈創意篇〉——任撕任貼白膠漿貼紙、彩塑首飾。
- 科學小博士〈智趣篇〉——膠樽澆水慢潤土壤。

## ·科學原理·

### 加熱軟化膠樽　隨你改變形狀用處

膠樽由聚對苯二甲酸乙二醇酯（Polyethylene terephthalate，簡稱 PET）組成，亦是 1 號塑膠材質。當膠樽樽身加熱至指定溫度時，聚對苯二甲酸乙二醇酯就會開始軟化。只要你把握這個時間並進行即時冷卻，就可改變膠樽原有的形狀，膠樽樽身便可緊貼在玻璃樽上了。你亦可用這技巧把其他物件用膠樽膠片連接起來呀！

膠樽創意改變用途

134

135

# 膠樽掃把

　　掃把協助清潔家居，但當用得太久，掃把頭的毛條便會自然損耗及脫掉，最後更要把整把掃把丟棄，十分浪費。原來只要數個即將丟棄的膠樽，就可製作出獨一無二的膠樽掃把，潔淨你的家居！

動手挑戰

## 實驗材料及工具

| | |
|---|---|
| 清潔後的膠樽 | 3 個 |
| 鑿子 | 1 把 |
| 剪刀 | 1 把 |
| 長管 | 1 條 |
| 橡筋圈 | 數條 |
| 電線膠布 | 1 圈 |

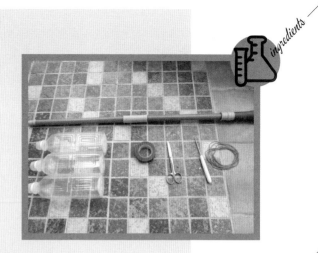

## 製作步驟

1. 用鑿子在 2 個膠樽樽身頂部鑽出小孔，然後用剪刀沿着小孔完整地剪出膠樽頂部。

2. 用鑿子在所有的膠樽底部鑽出小孔，然後用剪刀沿着底部的小孔完整地剪出膠樽底部。

steps

3. 用剪刀每隔約 1cm，沿膠樽底部向上剪至樽頸位置，剪出膠條。

4. 把沒有頂部的膠樽逐一套入有頂部的膠樽。

5. 用數條橡筋圈把步驟 4 的膠樽固定在一起，然後把橡筋圈繫緊在膠樽頂部蓋口上。

6. 把長管套入膠樽蓋口並用電線膠布固定，完成！

## STEM 挑戰

1. 使用不同闊度的膠片製作膠樽掃把，比較它們的清潔程度有什麼不同。
2. 使用不同顏色的膠樽，製作不同顏色的膠樽掃把吧！

### ・科學原理・

#### 1 號塑膠材質堅韌又柔軟 更可回收

膠樽由聚對苯二甲酸乙二醇酯（Polyethylene terephthalate，簡稱 PET）組成，亦是 1 號塑膠材質。由於膠樽性質較堅韌及柔軟，所以這樣製作出來的掃把頭條不易折曲。而且使用 1 號塑膠材質的膠樽亦可進行環保分類回收，使用時你亦可放心粗用！

如何得悉膠樽是用 1 號塑膠材質製造的呢？其實，生產商在塑膠產品的底部印有一個三角形的循環再造標誌，當中用 1 至 6 其中一個數字，代表該塑膠的種類。

### 延伸活動

- 科學小博士〈生活篇〉——重生膠樽標籤書籤、湯匙槓桿夾。
- 科學小博士〈智趣篇〉——膠樽雨傘套。

### 動手做

## 科學小博士──生活篇

### 廚房裏的科學秘密

沙律醬的由來 (P.14)

如何煉成焦糖味煉奶 (P.18)

粟米粒變爆谷 (P.22)

蜂巢式豆腐 (P.26)

自製德國酸椰菜 (P.30)

滑滑溜溜豆腐花 (P.34)

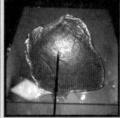

泡泡棒棒糖 (P.38)

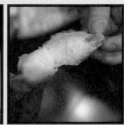

蛋白餅的科學 (P.42)

熊仔糖的科學秘密 (P.46)

蛋糕鬆軟的科學秘密 (P.50)

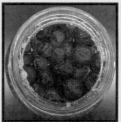

醃製鹹柑桔 (P.54)

內軟外硬的溏心蛋 (P.58)

黃金水煮蛋 (P.62)

腐皮旗海 (P.66)

鮮忌廉變牛油 (P.70)

製作黑磚涼粉的
科學秘密 (P.74)

清潔胡椒粉樽有妙法 (P.80)　柚子皮清潔劑 (P.84)

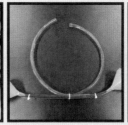

音從哪方來？(P.88)

膠樽氣球充氣泵 (P.92)

懶人種植瓶 (P.96)

神奇的水槽魚缸 (P.100)

重生膠樽標籤書籤 (P.104)

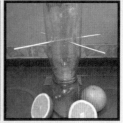

膠樽榨橙汁器 (P.108)

湯匙槓桿夾 (P.112)

自製手機揚聲器 (P.116)

迷你影院手機投影機 (P.120)

「魚菜共生」迷你版 (P.124)

火柴引發器 (P.130)

延伸活動相片集

自製水漩渦 (P.14)

神奇的液體 (P.18)

杯麵上的華爾茲 (P.22)

蠟燭蹺蹺板 (P.26)

氣球怪笛 (P.30)

氣球膠樽發射器 (P.34)

迷你空氣炮 (P.38)

自製回聲筒 (P.42)

自製平衡鳥 (P.46)

活力飲水鳥 (P.50)

廢紙變玩具紙蜻蜓 (P.54)

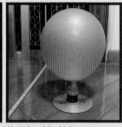
衝天氣球氣墊船 (P.58)

果汁紙盒回力標 (P.62)

「氣球賽車」衝呀！(P.66)

翻滾玩具齊齊滾 (P.70)

永不墮崖紙馬王 (P.74)

## 藝術裝飾的科學呈現

分層液體的擺設 (P.80)

液體萬花筒 (P.84)

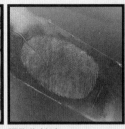
胭脂指紋法 (P.88)

康乃馨的新染裝 (P.92)

彩色鹽沙瓶 (P.96)

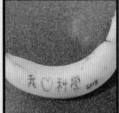
在香蕉上塗鴉 (P.100)

創意渲染 (P.104)

3D 全息投影 (P.108)

任撕任貼白膠漿貼紙 (P.112)

彩塑首飾 (P.116)

夢幻肥皂泡 (P.120)

印出新天地 (P.124)

畫出電路來 (P.128)

DIY 製作走馬燈 (P.132)

製作簡單旋轉聖誕樹 (P.136)

報紙寵物齊齊製作 (P.140)

延伸活動相片集

# 科學小博士——智趣篇

作者：劉子健

出版經理：林瑞芳

責任編輯：蔡靜賢

封面及美術設計：YU Cheung

出版：明窗出版社

發行：明報出版社有限公司

香港柴灣嘉業街 18 號

明報工業中心 A 座 15 樓

電話：2595 3215

傳真：2898 2646

網址：http://books.mingpao.com/

電子郵箱：mpp@mingpao.com

版次：二〇一八年九月初版

ISBN：978-988-8525-17-1

承印：美雅印刷製本有限公司